国家自然科学基金项目（11473030）资助

——刘次沅天文科普文选

刘次沅　著

陕西新华出版传媒集团
三　秦　出　版　社

图书在版编目(CIP)数据

追星人生/刘次沅著.—西安:三秦出版社,2018.7
ISBN 978-7-5518-1851-3

Ⅰ.①追… Ⅱ.①刘… Ⅲ.①天文学-普及读物
Ⅳ.①P1-49

中国版本图书馆 CIP 数据核字(2018)第 150827 号

追星人生

刘次沅 著

出版发行 陕西新华出版传媒集团 三秦出版社
社　　址 西安市北大街 147 号
电　　话 (029)87205121
邮政编码 710003
印　　刷 三河市嵩川印刷有限公司
开　　本 880 毫米×1230 毫米 1/32
印　　张 7.5
字　　数 190 千字
插　　页 4
版　　次 2018 年 8 月第 1 版
2021 年 7 月第 2 次印刷
标准书号 ISBN 978-7-5518-1851-3
定　　价 32.00 元

网　　址: http://www.sqcbs.cn

海尔波普彗星：白色的尘埃彗尾和蓝色的离子彗尾。
刘次沅摄于临潼渭河边，1997年4月5日。

海尔波普彗星和天文台
刘慧勤摄于陕西天文台骊山观测站，1997年3月30日。

建筑工地上的日全食：相距25秒的两张照片，分别记录了食甚和生光的瞬间。红日冕和钻戒如梦如幻。
任绥海摄于西安北郊凤城五路，2008年8月1日。

日食宣传员

合成照片，背景是国家授时中心骊山观测站，2008年8月1日。

培养新一代——在西安黄河子校作科普辅导，1995年。

骊山上的日食

太阳带食落山。山坡上的树木、观光缆车、亏蚀的太阳和日面右部的黑子。

刘次沅摄于2010年1月15日，两张照片时间分别是17:24:17和17:28:25。

目　录

追星人生

日食壮观

天文学家与天文遗址

夏商周断代工程

科普小品

追星人生

少年天文迷

我 1948 年出生于成都，两岁时随父母来到西安，一直在西北大学校园里长大。

这是一个相对封闭的环境，从幼儿园到小学，再到初中，都不出大院。同一拨同学一起生长，一起上学。按照现在流行的北京话说就是“发小”。那时的风气，小孩子最流行的理想就是想当科学家。在大学里长大，整天耳濡目染，似乎理想实现的可能性更大一些。

抗日战争开始时，国立北平大学、国立北平师大、国立北洋工学院等学校搬来陕西，成立西北联大。抗战结束后留在西安，就成了西北大学。那时的西北大学，教授来自天南海北，职员却是河北人居多，普通话是校园的主体语言。我们上初中的时候，来了两位说关中话的老师，才初次接触到本地方言。几十年后我在西大工作了 1 年，却是从校领导到勤杂工，从教授到校医院的医生，全都陕西化了。那时西北大学有 9 个系：数学、物理、化学、地理、地质、生物、中文、历史、经济。这在很长时间里主导了我对人类知识分科的理解。现在的大学，有更多的院系分科，但名称似乎更加时髦化和实用化。

记得上小学一年级时候，父亲领我到大操场，教我认识北斗七星，还教我“斗柄指东，天下皆春；斗柄指南，天下皆夏；斗柄指西，天下皆秋；斗柄指北，天下皆冬”“东有启明，西有长庚”的古诗句。父亲是教经济学的，对理科，对天文，并没有特别的爱好。但他们那一辈的读书人都有些国学功底，而国学传统中，是少不了一些天文学内容的。

此后的领路人，是我哥哥。哥哥大我5岁，上学却大我7届。我上小学，他在中学；我上初一，他已经是大学生了。哥哥喜爱技术，上中学时醉心于无线电和航模制作。受他的影响，我也很喜欢这些，而且一生都喜欢动手制作。哥哥教我认识了不少星座：春天的狮子，夏天的天鹅，秋天的飞马，冬天的猎户……此外，从2年级开始集邮，也是继承哥哥的摊子，持续一生。

1957年我上小学3年级。苏联成功发射人类第一颗人造卫星，其后又接连发射卫星，并首次将人类送入太空。媒体、社会舆论对此非常兴奋，大量介绍苏联的先进科技成就，也大量普及了天文学知识。因此，对天文学感兴趣的人也多起来。1957年，北京天文馆建成开放，1958年，《天文爱好者》创刊，都大大增进了全民的天文热。

尽管我的父母和大多数家长一样，认为只有好好学课本上的内容才是正经事，但他们并不禁止我花很多时间在天文爱好上。因此我可以买许多天文科普的书籍，并仔细阅读，至今还清楚记得一些对我影响较大的书。

沈世武的《怎样认识星座》，系统地讲解了恒星出没的周日、周年规律，将全天星空分成北方和春夏秋冬5个部分，一个一个星座地依次讲解。我根据这本书及书后所附的星图认全了本地能看到的全部星座。

苏联齐格尔的《少年天文学家》，以浅显的语言全面介绍了普通天文学的基本内容。别莱利曼是苏联著名科普作家，一生写了百余部科普作品，他的《趣味天文学》从一个个具体问题出发，把天文学知识讲得生动有趣。英国斯马尔特的《几颗著名的星》，通过天鹅61、天狼伴星和大陵五这3颗星，讲述了恒星距离的测定、由恒星运动特征发现看不到的天体、由亮度变化发现双星系统，科学道理和讲故事相结合，读来引人入胜。

《大众天文学》是法国弗拉马里翁的名著，影响巨大。作者1928年谢世后，该书仍不断更新，多次再版。上海天文台台长李珩先生将它翻译成中文，于1965年分3册出版。这部书不但全面介绍了天文学知识，还有许多相关的故事和精美的插图，非常好看。“文化大革命”后，这部书的中译本还又更新再版。

从这些书中不但能学到许多天文学知识，天文学家的生活也令人神往，他们献身科学的精神也令人感动。《大众天文学》讲述的一个故事让我难忘：“金星凌日”这种罕见的天象大约每120年出现相隔8年的两次，曾是测定日地距离的最好途径。法国天文学家勒让提提前一年出发，去印度观测1761年6月6日发生的金星凌日。结果路遇战争，千辛万苦赶到地方，却错过了日期。他决定住在当地等待1769年6月4日的下一次机会，因为这个季节当地总是晴天，观测成功很有把握。他住了下来，建造观测站，学习本地语言，研究印度的古代天文学。8年过去，1769年的整个5月和6月初天气都很好。可是当天金星凌日发生时，忽然风雨交加。待到雨过天晴时，凌日刚刚结束。备受打击的勒让提大病一场，万念俱灰，索性和家乡断了通信。1771年回到法国时，却发现自己已经被宣布死亡，科学院院士的位置被人补缺，家产被人继承。一场官司打下来，不但没能胜诉，反而倒贴诉讼费，更加一贫如洗。他的追求和遭遇，令人感慨！

苏联诺维科夫的《自制天文仪器》，是一本非常实用的小册子。我根据它，用木材和硬纸板制作了活动星图、日晷、测角仪器、折射望远镜、地平式支架和简易的赤道式支架。苏联库利考夫斯基的《天文爱好者手册》是一本工具书，它的前半部分是全面的普通天文学介绍，虽不像大学课本那样需要高等数学的基础，但也相当严谨。书的后半部分介绍各种天象观测以及大量的数据图表，这对于热衷于天文观测的业余爱好者是非常有用的。

我甚至还买了大学课本《天文学教程》《普通天文学》和《天体物理学方法》，虽然有些部分看不懂，但捧着这些书，总觉得离天文学家的理想又近了一点。

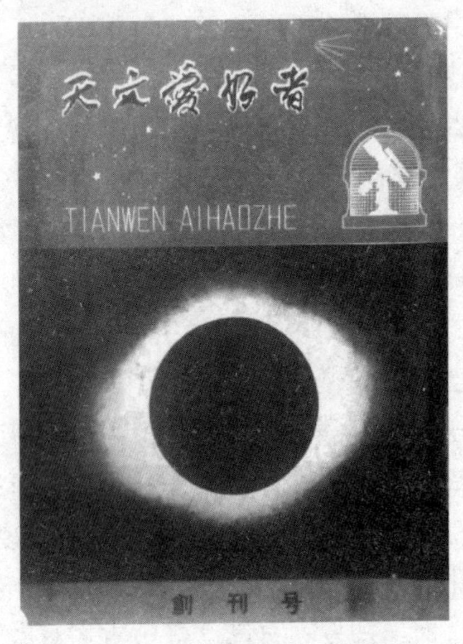

《天文爱好者》创刊号封面（1958）

当然，最离不开的还是《天文爱好者》杂志。它的内容既有一般性的天文学知识，又有国内、国外最新动态。每期封底都有当月星图，每年都有行星动态、特殊天象的预告和分析。我从第 1 期起订阅，直到“文化大革命”开始，和绝大多数刊物的命运一样，也停了刊。等到“文化大革命”结束后复刊时，我已经是“天文工作者”了。尽管专业需要的文献已经不在《天文爱好者》上，但要了解整个天文学全局的进展，也还是离不开它。由于我自己作为爱好者和老读者的感情因素，尽可能地为杂志做一点事情，写点小文章。后被聘为该杂志的编委，将近20年。2008年，《天文爱好者》庆祝50岁生日，邀我写篇短文。我写了《我与〈天文爱好者〉的半世纪情缘》，说的全是心里的话。

喜欢天文的小伙伴还有不少，可能我是最下功夫的一个。上初中以后，在老师的支持下，我组织了天文课外活动小组。我们用希腊字母作为每个组员的代号，因为星星就是这样命名的；根据家庭住址安排了互相联络的次序和方法（呵呵，小孩过家家）。在一个学生不足百人的“戴帽初中”，我们的组员竟然超过了24个希腊字母，很有势力！我们传阅天文图书杂志，讨论疑难问题，交流制作望远镜的经验，晚上一起认星座、辨行星。遇到特殊天象，例如日月食、月行星相合等，更是要组织集体活动。印象深刻的是1963年12月30日傍晚月全食，19：07食甚，19：46生光。20来个小伙伴集体在西北大学东操场观看。那天天气不是很好，月亮位置又低，月全食期间，传说中的古铜色月亮完全看不到。大家约定，比赛谁最先发现月亮生光。结果，月光重现的那一刻，几乎所有的人同时欢呼！

1964年我初中毕业，考上了陕西师大二附中。这是当时全省的十所重点中学之一（其中西安仅有的两所显然是重中之重），这使我的天文学家理想更加有了实现的可能。这所学校的高中3个年级总共只有8个班，学生来自全省，个个都是“学霸”。全部学生住校（其实我家就在学校隔壁），管理十分严格。晚自习、熄灯的时间衔接紧密，完全没有了“望天”的机会。有同学介绍我认识了教初中地理的缑老师（高中没有地理课）。交谈几次，缑老师对我很是赏识，翻出了学校仓库里的一台10cm牛顿式反射望远镜。我从未见过这么好的设备，一番收拾，很快正常使用起来。望远镜放在地理教研室，交给我随便使用。我成了一名特殊的学生，可以随意出入老师的办公室，可以在晚自习的时候跑去看星星。

除了目视观察外，我还试验用普通照相机对着望远镜目镜拍摄太阳、月亮，总结了一套经验，写了一篇文章投到《天文爱好者》杂志。编辑部回信收到，进入审稿程序。可惜紧接着“文化大革命”开始，杂志停了刊，文稿也就没了下文。停刊后，观察天象没了预报指导，连五大行星在哪里都找不到。我用行星平均轨道和平均速度作图，在图上量出各大行星的黄经和与太阳的夹角，可以比较粗略地算出位置，找到行星。为此还写了一篇文章，准备《天文爱好者》复刊以后再投。现在看来，这些“作品”都很幼稚，但当时作为一个无人指导的高中学生，已经倾尽热情了。

1966年5月20日日食，用学校的10cm反射望远镜，照相机直接对着目镜拍摄

在老师的支持下，我在高中时也组织了天文小组，那时我

已经俨然是一位小先生了。1966 年 5 月 20 日日环食，西安食甚在日落前后。我们天文小组的同学们在学校教学楼顶上观看并且拍照。看着弯弯月牙状的太阳渐渐沉入天边的云层，大家都感到新鲜和激动。

当时国内有南京大学天文系和北京师范大学天文系，天文机构有北京天文台、上海天文台和南京紫金山天文台。它们的情况《天文爱好者》上常常介绍。我的理想就是考上天文系，进入天文台，“为祖国的天文事业贡献一生”。

这渐渐接近的梦想，因为“文化大革命”，戛然而止。

我的天文望远镜

对于一个有梦想的天文爱好者来说，拥有一架天文望远镜是必需的。

最简单的望远镜由一片物镜和一片目镜组成，称为折射望远镜。望远镜的放大倍数，等于物镜焦距除以目镜焦距。但是放大倍数并非最重要的。就像一张照相底片，如果不够清晰，放得再大也无济于事。望远镜成像的好坏，主要取决于物镜。由于单片透镜具有色差，物镜的焦距越短，成像越差。至于目镜，一般需要两片组合。单片目镜只有视场中心清晰，组合目镜才有较大的有效视场。

最简单的物镜，就是老花镜镜片。至于目镜，玩具望远镜或其他光学仪器、玩具里可以找到。老花镜通常是 200 度到 300 度，即焦距 50cm 到 33cm。作为天文望远镜的物镜，焦距不够长。因此这种简单望远镜的好坏，很大程度上取决于能不能找到 100 度（焦距 100cm）的老花镜。此外，老花镜镜片的质量也很重要。除了现成的老花镜镜片，我们还在东大街的西北眼镜行订制过 8cm 口径、150cm 焦距的单片镜头，效果当然比老花镜片强了。

望远镜的镜筒，可以用装羽毛球或油印蜡纸的纸筒对付。焦距长些的望远镜，这样的镜筒强度就不够了。按照书上介绍的方法，我学着用纸板自己制作镜筒。把纸板裁成宽 5cm 左右的条状，斜着盘在模具（例如酒瓶）上。上面一层纸条，相反方向盘绕，用木工胶黏结。三四层盘条就可以制成强度合格的镜筒。经过反复试验，我的镜筒制作工艺不错了。

用这样的望远镜，可以看到月亮上的环形山、土星的光环、太阳黑子（配黑镜头或在阳光很弱时看）和一些比较明亮的星云、星团。

天文望远镜，基本上分为折射和反射两种。单片的折射镜头做物镜，焦距越长，效果越好。但是焦距长，镜筒就长，很难制作和使用。双片复合镜头可以在很大程度上消除色差，可以做出很好的折射望远镜。另一种反射望远镜没有色差，由于光线并不通过镜头，对镜头玻璃材料的要求不高，适合业余爱好者自己磨制。同时，望远镜的镜头直径越大，成像越好、亮度越强，不管目视或照相都能看到更多的星星。我有一本小册子，张家献的《天文望远镜》。作者是上海的一位中学生，讲一群小伙伴如何自己磨镜头，制作天文望远镜的事，读来让人心头痒痒。因此我一直想要自己磨镜头，自制一台反射望远镜。

1966年5月“文化大革命”开始就停了课，胡闹了一阵以后，学校里越来越萧条。我正好利用这段时间来做我的望远镜。《天文爱好者》1965年1~7期连载了黄介浩、范一新的文章，详细讲解了反射望远镜的制作方法。我按照这篇文章开始动手磨一个15cm直径的反射镜头。

首先需要两块圆形玻璃镜坯，一块做镜头，一块做偶板。15cm直径，12mm厚。我实在找不到那么厚的玻璃，只找到6mm的。磨镜头需要用各种粗细型号的金刚砂，一位在金工厂工作的亲戚为我找来几种。其实一般的建筑用黄沙也可以用，只是需要用不同时间的沉淀来淘出不同粗细的砂。

家里有一个高1m，50cm见方的木箱，正好做一个结实沉重的工作台。将偶板卡在工作台上，加上最粗号的砂和水，镜头放在偶板上，手压在镜头上，开始磨镜头。磨镜头的基本动作是：向下压，前后作椭圆运动，同时人绕着工作台转动，手里的镜头也转动。这样磨的结果，偶板的边缘部分和镜头的中央部分磨损得快，逐渐地，偶板变成凸球面，镜头变成凹球面。粗砂磨得比较快，两三天时间，镜头的形状就基本成形：焦距120cm。这时的镜面是毛玻璃，接下来需要一道一道用更细的砂把前一道的砂痕除去。越往后，砂越细，磨起来也越慢。每次换砂，都要做好卫生清理工作。前面的砂只要有一粒混入后面，必然拉出粗痕，前面几道工序就全白费了。为此，我把出生就没有剪短过的头发也剃光了。

细磨过程中，随时需要检验，以保证焦距不变，镜面形状良好。检验的方法不难，但是需要细心。经过10道砂，用了大约1个月时间，镜头呈半透明状，就可以抛光了。抛光需要用沥青和红粉。沥青即铺路用的那种，找干净无杂质的。红粉即氧化铁，细腻的红色粉末，可以在颜料店买到。沥青加热，浇到偶板上，再将镜头压上成形，切除边缘的溢出部分，这样，偶板上就附着一层沥青。用小刀将沥青层切出纵横的“V”形槽，镜面就通过沥青偶板抛光。彻底清洁打扫，沐浴更衣（还好不必斋戒）之后，抛光开始。把红粉加水加在沥青偶板上，镜面照样放在上面磨。只是要加大些力气和耐心，总共再磨十几个小时，玻璃完全透明，镜面就磨好了。

抛光过程中，镜面最终成形，成像好坏在此一举。严格地说来，这样“对磨”出来的镜子是球面，有球面像差，成像并不特别理想。抛光时使用特别的工具修改成抛物面，就能做出特别好的镜头。可是我的镜头玻璃太薄，承受不起那样精细的加工。最后量一量，厚6mm的玻璃，被我磨得中间剩约4mm，周边剩约5mm。检验时显示，光源的成像朝一个方向发散，就像眼睛散光一样。一番周折最后发现，原来是镜子太薄，把它用晾衣夹子夹在铁皮书立上检验，竟然把镜头拉弯了。放松以后就好了。因此我的镜头在望远镜里安装时需要特别小心，不能使它受力。

除凹球面物镜外，还要磨1个小的椭圆形平面镜。过程差不多：细磨、抛光、镀膜，只是不需粗磨。目镜一般需要两个小镜头组合，也可以自己磨，但我得到两个显微镜上的目镜，就不用下磨目镜的工夫了。说起这两个镜头，也是一个故事。我的一位邻居大哥是中学老师，发现两个显微镜目镜头在集体宿舍的电灯开关拉线上吊着，就拿来给我“献礼”。

我立刻把镜头装在临时镜筒上观看月亮，效果非常好！环形山历历在目，细节清晰！下一个步骤需要镀反射膜，这样光线才够亮，才能看到星云之类的暗弱天体。镀膜不大容易，为此我迁延了一两年。直到下乡以后，找到母校的化学老师郭老师帮忙，用化学方法镀银。郭老师和我忙乎了好一阵子，效果不是很理想。最后还是在电子设备厂工作的哥哥帮忙，用专用设备给镜面镀了铝。

牛顿式反射望远镜的结构如图，星光（平行光）从右向左进入镜筒，在物镜面上反射会聚，经过平面镜反射，聚焦在目镜前方。通过目镜，就可以用肉眼观看。我的物镜焦距120cm，1个目镜焦距4cm，放大30倍；1个目镜焦距2cm，放大60倍。去掉目镜，将照相底片放在焦平面上，就可以照相。

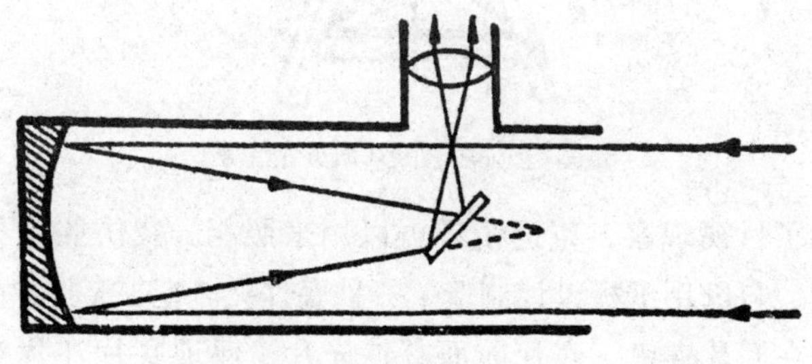

反射望远镜的光路图（据黄介浩等）

我在和平门外的一个废品站买到一段长 150cm、直径 20cm、厚 3mm 的胶木圆筒，又轻又硬，特别适合做镜筒。物镜卡入一个木材和硬纸板制作的镜托，镜托由 3 个元宝螺丝连接在镜筒底板上。这样，调节元宝螺丝便可以将物镜的光轴调得与镜筒轴一致。平面反射镜粘在另一个镜托上，通过三条腿连接在镜筒壁。目镜插在可以调节长度的目镜筒里。

望远镜大了、重了，不可能用手拿着；放大倍数大了，成像抖动得厉害，夜间看星星，找到目标和跟踪目标尤其困难。因而，一个结实稳定而又调节灵活的支架就不可缺少。我用木材做了一个结实的固定三脚架，配以转台，望远镜就可以指向任何方向。为了方便找星，还需要瞄准镜：一个放大约 5 倍的折射望远镜。

自制望远镜的外形(据黄介浩等)

除了目视观察，望远镜还可以用来照相。我仿照照相馆的底片匣，自己用纸板设计制造了一种底片夹。把 135 胶卷剪成小张，卡在底片夹里。底片前面有挡光片，保证底片在片夹中不会跑光。黑夜里用望远镜照天体，不需要快门。将底片夹插在目镜筒上，望远镜前面挡一个葵扇或草帽（不要接触以免晃动），拔出底片夹上的挡光片，待望远镜停止晃动后移开葵扇然后盖上（完成曝光），插上挡光片，取下底片夹，再进入暗室处理底片。

当然，将单反相机的机身装在目镜筒上拍照，对焦和胶卷处理更加方便。只是操作照相机快门可能会使不很稳固的支架晃动。

用我的15cm望远镜和底片夹拍摄的月亮（1970）

当时不是今天这样的市场经济，需要的各种材料和工具很不好找。身边没有有力的技术支撑，作为一个中学生，自身能力也非常有限。因此这天文望远镜做下来相当费时吃力，工艺水平也不够高。不过毕竟是自己的倾心爱好，最后成功的喜悦补偿了所有的辛苦和艰难。

从法门寺、桑树坪到陕西天文台

1968年10月，“上山下乡”运动开始。在陕西，中学在校的六届学生，全部下乡到农村插队。眼见得前途全毁，但无人敢反抗。我跟着学校的组织，来到扶风县法门寺公社杜城大队阁老村北沟插队（当时叫红旗公社东方红大队阁北小队）。

阁老村地处关中台塬的最北缘，土地大致平整，生活也还过得去：农民勉强糊口，极端缺钱。主要的消费，也就是灯油和食盐。要想到西安，需要步行20里到公社所在地法门寺，再乘卡车行40里到绛帐火车站，再乘火车行200里。当年的法门寺刚刚经过“文化大革命”的“洗礼”，老和尚自焚而亡，剩下一个小和尚。房舍破败不堪，那个著名的宝塔歪向一边，随时要倒塌的样子。一次公社开知青代表会，我们就在法门寺残留的破殿里住了几天地铺，却不知身下便是惊天动地的宝藏。

这里出产小麦、玉米、棉花，很少种植其他经济作物和蔬菜。农民除了辣椒以外，基本上不吃蔬菜。穿的是用自己种植的棉花纺织的粗布。我们村吃窖水，就是下雨时地面水流进水窖里，自然沉淀澄清的水，水质恶劣而且稀缺。同组5人，3男2女，包括我和小我3岁的弟弟（弟弟后来招工到宝鸡某厂，“文化大革命”后考上大学，成了名校教授），住两孔土窑洞和土炕，另有一个做饭用的草棚。一个小小的院子，一棵椿树和5棵花椒树。崖畔上每年早春盛开的黄色迎春花提示着年华流逝。

农活还吃得消，住的还不算太差，农民也友善，也可以经常回家。每天早上蹲在院子门口，等着生产队长“派活儿”。若派不上活儿，心里很是失落。村子往北便是高山，生产队在十几里外的山里开垦了一片“飞地”，用于种植玉米。我们偶尔被派到那里去干上十几天活。山上植被很好，夏天可以看到成片白色的野韭菜花和橙色的野黄花菜，非常漂亮。晚上为了看守庄稼防止獾之类的野兽祸害，就住在山坡上简陋的窝棚里。遇到雷雨时，闪电响雷顺着山坡滚动，惊心动魄。除了种地，平时还需要上山砍柴，拉车上下山，是相当累人和危险的活儿。也有时被派去水库工地修大坝，虽然很累，却可以和相当多的知青聚会交朋友。在水库工地，我一顿能吃一斤半面粉的馒头！我的农村生活并不过分艰苦，只是感觉前途渺茫。

1969年，阎老村北的石沟门水库留影，右一为作者

当时，我们村还不通电，晚上点墨水瓶做的小煤油灯。只有生产队的饲养室才有带罩子的“马灯”。农民基本上天黑就上炕睡觉，省得熬油费钱。乡村的夜晚非常黑，没有月亮的阴天夜晚，真的伸手不见五指。若是晴天，满天星光灿烂。我一遍一遍数着天上的每一个星座，就像一个个熟悉的朋友。原先在城市里看星，由于天光太亮，只能看到亮星。现在每个星座都

能看到许许多多的暗星。与星图一一对照，心里很是激动。

看星的时间长了，时常会发现天上多了一颗星，定睛一瞧，原来是一颗慢慢移动的人造卫星。1975年8月30日，江西的天文爱好者段元星发现了一颗新星，在国内引起很大的轰动。人们惊奇于段元星能够从杂乱无章的星星中一眼就发现多了一颗！其实，这也就是熟能生巧而已。当天晚上我从办公室回宿舍，碰巧也发现了天鹅座里的这颗新星！不过那时我已经是天文工作者，这样的发现，已经不能引起太大的轰动了。

1970年夏天开始在下乡知青里招工，1971年秋，西安下乡的知青绝大多数被招工了。与大多数别的省下乡知青，尤其是北京、上海等大城市相比，还是很幸运的。

1971年9月，我被招工到韩城矿务局桑树坪煤矿。桑树坪位于韩城县城以北60里的山沟里。一条小河自西向东流过矿区，再向东8里注入黄河。这里交通极其不便，出山要翻越20多里的山路。山外便是著名的黄河龙门（就是那个“鲤鱼跳龙门”的龙门）。黄河在这里冲出几十米宽的峡谷石门进入平原，河床一下子宽达十几里，气势磅礴！龙门上有大型铁索木板吊桥，勉强可以开行吉普车（现在有公路铁路两座大桥）。龙门到韩城县，也很少有公交。我们去西安，往往要步行爬20多里山路出山，跨过黄河龙门吊桥，到山西河津乘公交到侯马，再转火车到西安。路过的汾河桥，居然是由无数木船捆绑而成。

我被分配在“基建营”当普工。每日担砖担水泥灰浆上脚手架，很是辛苦。不过桑树坪煤矿有几千职工，也还热闹。关键是有了工资（普工约40元），有了食堂（一个冬天吃没削皮的土豆和牙碜的粗粉条），而且似乎有了前途（好好干可以做泥瓦匠）。我们10个刚招来的下乡知青住在1间15平方米屋里的地铺上，难兄难弟，不乏温馨。

我在高中学会了二胡、小提琴，因而很快被煤矿“毛泽东思想文艺宣传队”招募。宣传队虽说是业余的，但实际上整天排练演出，很少回“连队”干活。接近领导，地位不同，有了挑选职业的机会，我毫不犹豫选了机修厂，做学徒工。虽然工资降了，但心里非常高兴：我本来就喜欢金工技术，“文化大革命”开始，上大学无望后，做个技术工人就成了渴望的理想。我如愿学徒钳工，下功夫练习抡手锤、拉锯、端锉刀、砸铆钉，同时学习车床、钻床，十分努力。我这二十三四岁的年龄已经比其他十六七岁的学徒大了很多，压力不能不大。

一年以后，我又被矿务局宣传队看中上调，到了乐队任副队长。矿务局在韩城县城边上，这里生活、交通比较便利。韩城县城比较大，历史悠久，有许多古建筑。在古色古香的街巷游走，不时会见到“进士第”这样的古宅。韩城文庙规模巨大，是保存完整的元代建筑群。城北半坡上有个圆形的亭子，号称“小天坛”。城南20里有著名的司马迁祠，气势巍峨。城北20里有著名的古民居党家村，不过那时还无人知晓。县城里有一家甜食店（卖醪糟、藕粉之类），一家饸饹店（本地特产荞麦面羊肉饸饹），很有情调。要知道，当时省城西安都没有这样的馆子。

矿务局宣传队除了在局属各煤矿巡回演出，还要到其他厂矿、部队、乡村去“慰问演出”，到省里去参加和观摩汇演、调演。终日东奔西走，几乎完全脱产了。夏夜在平房大院的宿舍门外练琴，拉一些波隆贝司库的《叙事曲》、马思聪的《思乡曲》、舒曼的《梦幻曲》之类的小资情调，常常有许多人围听。那时我把天文望远镜也搬到了矿上，常常在晚上“对公众免费开放”，观看月亮上的环形山和土星的光环，赚了不少眼球。一伙俊男靓女在一起，从事演艺职业，生活自然是惬意而浪漫的。不过我还是希望多一些时间回机修厂，好好学技术，觉得那才是立身之道。

1973年春，在西安地震局工作的同学刘之东，介绍我认识了位于蒲城的中国科学院陕西天文台。经过几个月的接触，7月，我终于以18元月薪的学徒工身份，如愿以偿地调到天文台工作。一年以后，高中时的低年级同学、下乡相识、煤矿交往的我的女友张季珍也调来，终成眷属（她后来成了一名电子专业的高级工程师）。

梦寐以求却濒于绝望的理想，竟然以这样猝不及防、令人意外的方法实现！

陕西天文台1966年开始筹建，从上海天文台调来苗永瑞、吴守贤等学术骨干，从南京大学天文系和北师大天文系分配来一批毕业生，再加上各地调来的技术、行政人员，以及大学毕业生、部队复转兵、农村招来的几批知青。我来的时候，初期基建接近完成，日常工作已经全面铺开。

陕西天文台是作为我国授时中心来建设的。标准时间，是现代社会必不可少的。交通、通讯、电力调度等行业，都需要一个统一、准确的时间系统。直到20世纪60年代，对高精度时间服务要求最迫切的是大地测量和航海。时间的精度和服务质量直接决定测量定位的精度。精密时钟产生的标准时间通过无线电台发播，测量者一面接收时间信号，一面观测恒星，就可以确定所在地点的经纬度。过去，我国的标准时间是上海天文台借用邮电部的电台发射的，不能满足正在全面开展的西部大地测量的需求，因此需要在我国中心地带建设专门的授时中心。多方面考虑运筹，地点就落实在西安东北100千米处的蒲城。

整个时间服务工作可以分为授时、守时和测时三部分。

陕西天文台设有短波电台、长波电台和低频台。短波经过电离层的反射，全世界都可以收到。但是由于电离层不断变化，反射点不固定，时延不确定，所以精度只能达到毫秒。长波沿地面传播，时延比较确定，精度可达微秒量级。低频台发播含有时间编码，可以直接控制新型的电波钟表。此外，还可以通过电话、网络、卫星、搬运钟等多种方法来传播标准时间信号。此谓授时。

发播精确的时间需要高精度的时钟。早期使用机械天文摆钟来保持时间，给无线电发播提供信号。原子钟的发明使得守时精度大为提高。由全世界多个天文台的百余台铯原子钟、氢原子钟组成系统，最终获取精确的、标准的原子时系统。

陕西天文台中星仪观测室（1974）

由于巨大的转动惯量，地球自转非常均匀，因而自古以来就是人类采用时间的根本标准，称为世界时。通过许多天文台同时对恒星的不断观测，可以获取每台时钟的钟差，从而获得精确的世界时。1984年以后，国际上采用由世界时框架和原子时秒长相结合的“协调世界时”，用“闰秒”的方法来协调两者。

除了时间服务以外，陕西天文台还开展人造卫星、太阳活动、电波传播等方面的观测和研究。

随着技术的发展，原子钟的精度和稳定度已经远远超过地球自转。1990年以后，光学仪器的天文测时已经不再需要，改由射电望远镜检测地球自转，获得世界时。同时，随着航天和各种新技术的发展，对精密时间的需求也越来越高。原子钟和授时技术也得到不断发展。1980年长波台建成后，天文台总部和大多数工作搬到临潼。2000年，中科院陕西天文台改称中科院国家授时中心。此后，授时中心的发展越来越好，除了临潼总部、蒲城发射台外，还有长安、商丘、洛南等工作站及更多的工作点。

中星仪测时

调到天文台后，我被分配在中星仪组做天文测时工作。做天文测时的另外还有等高仪，以及尚未完成的天顶筒。

中星仪是最经典的天文测时仪器，它的原理非常直观：地球就是一个稳定的、不断旋转的时钟机芯；中星仪是一个垂直向上的望远镜，就像安装在机芯上的表针；天上的恒星各有固定的位置，就像钟面上的刻度。随着地球自转，所有的恒星每天东升西落，通过中星仪望远镜守望着的子午线，称为中天。

首先通过大量的观测，测得每颗恒星的位置，制作出恒星星表，然后根据具体观测日期计算每颗星通过本地子午线的精确时刻。在一颗星通过望远镜中心（也就是子午线）的瞬间按下电键记录下时钟上的时刻。两者之差就是这台时钟的钟差。不断的、大量的观测可以让时钟尽可能与世界时保持一致。需要精确时间的用户，还可以在事后得到天文台刊印的《授时公报》，对他们的测量做进一步修正。

我们的中星仪是德国蔡司厂制造的，口径 10cm，已经改装成光电自动记录。如图，它是一个带有横轴的望远镜。横轴放在正东正西方向的两个支架上，这样，望远镜可以在子午线上转动，看到不同天顶距的恒星通过子午线。图中左边的方盒子是光电箱，右边是观测者使用的目镜。镜筒中心的棱镜把星光分成两股，分别通向光电箱和目镜。

根据“观测纲要”，一颗恒星快要通过子午线时，观测者根据它的天顶距扳动黑色的“方向盘”，把星星“导入”望远镜的双丝。在大倍率的望远镜里，星星跑得挺快。当它跑过视场中心时，星光扫过光电箱里的一组光栅，发出一组电信号到相连的时钟，钟差就在观测者背后计数器的那两个小窗口显示出来。

中星仪（1974）

镜筒的下面是一个非常灵敏的水准管，挂在横轴上，由观测者身后那个带读数器的小望远镜读出水准数值。中星仪安装在非常稳定的花岗岩基础上。观测室约 3m 见方，地板与基础不相连，以免影响精度；房顶可以向两边拉开，以便看到星星。为了防止室内外温差造成的光线折射影响精度，东西两边墙上有两个巨大的风机。冬天 -10℃还要抽风，加上观测动作精细不能带手套，可真冻得够呛。

每晚观测 3 组星，每组约 30 颗星，共 4.5 小时，再加 1 小时准备和收尾工作。通常由 3 个同事轮流，一人一天。观测相当乏味，也相当辛苦，不过也有些趣事。有一段时间阴雨，十几天没有观测，等到拉开天窗，竟然掉下来一个鸟窝和几个鸟蛋！有一天我正观测，忽然发现水准气泡大幅度摆动，持续好几分钟。第二天听广播，竟然是地球另一边的智利发生了地震！

显然，中星仪能否精确测时，取决于镜筒（转动时）能否准确指向子午圈。首先，在仪器制造和安装时力求准确。剩余的微小误差可以分解为三部分：a．两个支架在严格的正东西方向，否则产生“方位差”；b．望远镜的横轴必须水平，否则产生“水平差”；c．镜筒与横轴必须严格垂直，否则产生“准直差”。

中星仪设计成可以抬起、转身（横轴的两端交换支架）。这样，在一颗星的观测过程中，先测一半；转身后再测另一半。两次测量平均，就消除了准直差c。同样，在前半段测量水准管的读数，转身后再读，平均得到横轴的水平差b，在数据处理时加以改正。至于方位差，它使得天顶以南的星提前到来，天顶以北的星滞后到来（或者正好相反）。在计算出每颗星测得的钟差时，就会显示出天顶南北星的误差不同，据此求出方位差a加以改正。

晚上观测后，白天就做数据处理工作。每组星一张大图表，将观测所得的所有数据填在表上和图上，计算，人工调整，剔除坏值，归算，最后得到一个平均钟差及其中误差以及每颗星的残差。计算量很大。我先后用过算盘、手摇机械计算器、电动机械计算器、台式电子计算器（都只能做加减乘除）。

一两年后，天文台的电子计算机投入使用了。那是一台DJS21国产电子计算机，占满很大的一个房间。可以编程计算。程序和数据都用凿孔纸带，通过光电机输入。纸带上的小孔，用一台电传凿孔机凿出。凿孔需要非常小心：一旦错误或者怀疑错误，就要按照二进制编码检查纸带并用胶水粘贴加以更正。

在中星仪组10多年的工作，使我对测量和数据处理有了比较深刻的体会。以后在对古代天象记录的研究中，尽力使用现代数据处理的观念与方法，做出一些有自己独特风格的工作。

中星仪组也组织一些科研性质的工作。利用测时残差进行星表改进和试图把仪器的观测过程完全自动化，是其中比较重要的两项。

中星仪虽然不大，却是最精密、最敏感的天文仪器。测时的精度受到观测者、仪器和环境多方面的影响。在每组观测中，都要记录下风向、风速、温度的变化，以便研究各种因素对观测结果的可能影响。苏联兹维列夫做过风效应的研究。我比照他的方法，对陕西天文台 1972 年 ~ 1976 年的观测数据进行了分析，发现刮西北和东北风时（这是我们这里的主要风向），测时结果有明显的不同。这可能是风向影响观测室内的温度分布，造成光线的折射所致。研究结果形成一篇论文，发表在 1978 年《陕西天文台台刊》的创刊号上[1]（方括号表示本人发表的论文号，见本文末的论文目录）。这是我的第一篇研究论文，也是陕西天文台第一篇个人署名论文（以前的论文都署名某室某组）。

即使大学天文系毕业的同事，在这里都需要大量地学习，更何况我连高中都没有毕业！这里最大的好处是，有足够的时间和优越的环境学习，并且学习总是受到领导和同事的鼓励和帮助。我系统复习了丢掉 7 年的功课，扎实补上了没有学过的高三课程。自学了一些高等数学后，开始自学本行最基本的天文学课程：测量数据处理和球面天文学。最重要的参考书是南京大学天文系的《天文学教程》和达尔果夫的《子午仪测时》。前者全面讲述了天文学基础知识和数据处理原理，后者是中星仪（即子午仪）的专门著作。1977 年，我到南京大学天文系进修了一个学期，主修球面天文学和有关时间工作的几门课程。

1979 年 2 月，中央广播电视大学成立，我和另外 5 名同事报名在职学习。当时只有电子技术专业。跟着电视学习，一门一门地参加统一考试。我们系统学习了英语、高等数学、普通物理、基础化学、电工基础、数字电路、模拟电路、计算机原理等，学制 3 年，经过 20 多门考试，终于大专毕业。

1981 年秋，陕西天文台开始招收天体测量和天体力学专业的硕士研究生。我报考了吴守贤老师。吴老师 1956 年毕业于南京大学天文系，进入紫金山天文台和上海天文台从事天体测量工作。1968 年奉调陕西，是本台的奠基人之一。曾主持陕台短波发射台、时号改正数等多项重大项目。曾任陕台副台长、中科院西安分院院长等职。适逢“文化大革命”后恢复高考的首届本科毕业，报考者多达 45 人。陕西天文台计划招收 4 人，后追加 1 人。我以政治 55 分、俄语 72 分、物理 65 分、数学 63 分、球面天文 88 分的成绩，名列第二，顺利被录取。

1982 年，研究生同学在紫金山天文台留影，右一为作者

1982 年 1 月入学，和同门师弟李建科、朱紫立刻动身去南京大学天文系上一年课。一起读研的还有上海天文台的董大南、张云飞，以及武汉测量与地球物理所的方明、云南天文台的杨为民，7 人住在同一间宿舍。除我之外，他们都是应届大学毕

业，极其聪明，基础比我好，学起来比我轻松，后来都很有成就，大多在国外定居了（前面已经把“学霸”这个词用过，现在不知该用什么了）。因为都不是天文系毕业，硕士课程多半跟本科班。在这里，我的指导老师是许邦信。许老师1952年毕业于齐鲁大学天算系，是国内天体测量界“大佬”，非常和蔼、耐心和认真，指导我做岁差常数测定方面的阅读调研，后来我在《天文学进展》上发表了一篇论文[3]。

1983年年初，我到上海天文台佘山站实习1个月，学习照相天体测量，由上海台的老师授课。其他时间，在本台上课，学习计算机编程、地球自转、时间工作和数据处理的各种课程，实习台内的各种工作。按照吴老师指出的方向，开始利用古代天象记录做地球自转长期变化的研究，最后形成硕士学位论文《地球自转长期加速与古代天文观测的应用》。1984年年底，在台里通过了答辩，1985年年初，又在南大天文系答辩一次，答辩委员会包括了国内天体测量、天体力学和天文学史界的顶级权威。

硕士毕业后，我回到由李志刚领导的中星仪组继续观测，同时开始考虑今后的研究方向。后来中星仪停止观测，我们这个组开始研制和试观测子午环，用以进行星表工作。我在主要做古代天象记录研究的同时，还做了好几年子午环观测。长期参加天文观测对于我的古天文研究工作也有很积极的作用。

1987年，陕西天文台开始招收博士生，我又成为吴守贤老师的头名弟子。研究内容继续在地球自转长期变化方面，并且更加深入天文学史。论文《中国古代月掩犯记录与地球自转长期变化》，1991年11月在北京天文台王绶琯院士主持下答辩，获理学博士学位。此后的工作逐渐转向天文学史，力图应用天体测量和现代数据处理方法，研究中国古代天象记录，在这一方面形成自己的特色。

地球自转长期变化

自古以来，人类就以地球自转为计量时间的基准，太阳出没的周期——日，就是时间的基本单位。由“日”这个基础，向下细分为24小时，每小时60分钟，每分钟60秒（中国古代1日分为12时辰，或者100刻）；向上构成月、年和世纪。由此得到的时间称为“世界时”。

地球自转是不是足够稳定，一直是科学家讨论的问题。1754年，康德I.Kant就指出，浅海海水和大陆架的潮汐摩擦，会导致地球转动动能的损耗，使得地球越转越慢。到了19世纪末，越来越多的迹象显示地球自转是不均匀的，并为1939年S. Jones的一项研究证实。原来，到了19世纪末，太阳和大行星的运动规律已经掌握得很好，但是有些误差总是难以解释。Jones发现，这些误差的大小，和各大行星的运动速度成正比。也就是说，如果代入计算公式的时间引数做适当修正，各大行星的位置误差就同时消失了。代入计算公式的时间引数，正是根据地球自转得到的世界时。这种“适当的修正”，不就是对地球自转的不均匀性的改正么！

这个世界时和理想的均匀时间之差，称为“时差”，记为ΔT。

既然地球自转不够均匀，天文学家便试图用地球绕太阳的公转周期来定义时间。1958年，国际天文联合会提出了“历书时”的定义。历书时需要用观测月亮运动的方法来获取，不够及时，也不够精确，很快就被逐渐完善的原子钟替代。1984年以后，国际上采用由世界时框架和原子时秒长相结合的“协调世界时”。

西方中世纪有少量的日食记录，要想让这些记录符合天文计算，必须在公式里加上一个无法解释的长期项。现在，地球自转的长期减速很好地解释了这个长期项。科学家自然想到，能不能找到更多的、更早的古代记录，以此来探求地球自转在几千年尺度上的自转变化，并找出其地球物理方面的原因呢?

古代天象记录相当粗糙，不可能作精细的研究，但地球自转不均匀的主要倾向是潮汐摩擦导致越来越慢，能求得一个平均值就很有意义了。根据牛顿第二定律，恒定的摩擦力使得地球自转速率产生一个恒定的加速度，也就是说，时差 ΔT 是大致呈抛物线变化的:

$$\Delta T = cT^2$$

这里 T 是观测时刻距离标准历元（例如公元 1800）的“世纪”数，时差 ΔT 通常用时间“秒”来表示。c 就是地球自转加速度的表达。由公式可见，T 越大，也就是时间越远，ΔT 就越大，求得的 c 就越准确。越古的天象记录，求得的地球自转加速度越准确。同时，视运动越快的天体越合适此项研究。

研究地球自转长期变化，最理想的古代天象记录是日全食。日全食时，只有在不超过二三百公里宽的全食带里，才能看到全食。一个地点明确，现象清楚（确定见到全食），日期确定的日全食记录，可以将时差定到 10 分钟左右的精度。由于古代观测计时不可能达到这样的精度，其他天象记录都无法与日全食相比。

例如，伊巴谷 Hipparchus 记载公元前 129 年在希腊某地 A 见到日全食，若用均匀时（不考虑地球自转加速导致的时差 ΔT）计算，全食带却在北美，同纬度点在 B。若加 ΔT = 320 分钟，即地球转过 80°，日食计算就和实际所见相符了。

1920年，Forthrinham根据搜集到的11个地中海地区古代日全食记录测定地球自转加速度，成为经典。但是这些记录内容模糊，时间不明，可靠性较差。此后的研究不断发掘新的古代记录，重点是巴比伦和中国。我国天文学家李致森、韩延本、吴守贤、陈久金等人，也在发掘中国古代日食记录方面做出进展。

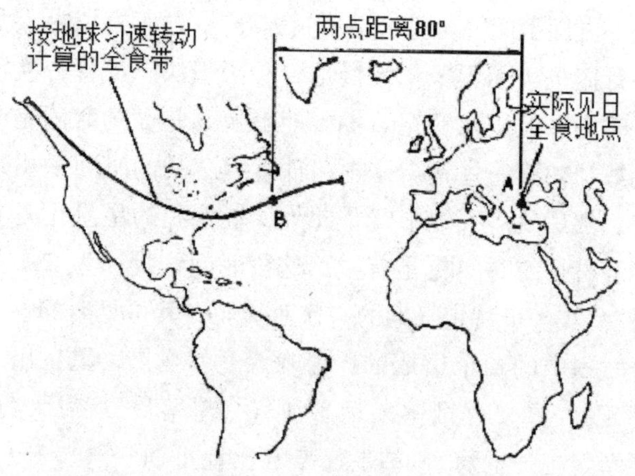

公元前129年11月20日日全食（据F. R. Stephenson）

中国古代确切的日全食记录始自春秋时代，3个记录“日有食之既”。到明末为止，共有40多个全食记录。然而，得到的结果并不理想，各个记录的结果不能密切相容。究其原因，古代中国幅员广大，看到“食既”的地点并不明确。此外，计时日月食记录的精度也不能满意。

最有影响的研究者，是英国Durham大学F. Richard Stephenson。在他1984年的论文中，主要应用巴比伦公元前7至公元2世纪的日月食计时得到c = −32.5秒/世纪^{2}和公元8世纪至公元11世纪的阿拉伯日月食计时得到c = −25.5秒/世纪^2，此后又有改进。Stephenson的结果得到天文和地球物理学界的广泛引用，以及大多数天文计算商业软件的采用。

中国古代日食不大可能做出重要结果了。吴老师指出，可以考虑月掩星记录，这些记录从未被应用于本项研究。的确，古代有大量的月掩星和月犯星（月亮靠近星星）记录。可是，这些记录都是有日期而没有具体时刻，“日”这样的计时精度，完全无法应用。

我一方面翻阅文献搜集古代记录，一方面模拟古人那样反复观察月掩犯实际天象。慢慢地，有了想法。尽管古人没有记录具体时刻，但是在特定日期，能够看到月亮的时间是有限制的。例如，初三的月亮，只能在日落后不长的时间里出现在西边天空，然后就落入地平线。此外，被掩犯的星星比月亮暗得多，能够看见的时间更是有限。这段时间，我称为“实际可见时间段”。在一个特定日期的一次月掩犯，其可见时间段，是由这 4 个时刻中的两个组成的：傍晚天开始变黑，星星出现在天空（星现）；星星逐渐落入地平浊气（星落）；清晨天色渐亮，星星逐渐隐去（星隐）；星星逐渐升出地平浊气（星升）。例如在阴历月初，可见时间段自“星现”始，至“星落”终。这 4 个时刻，都与被掩犯星的亮度有关，越暗的星，越不易看见，时间段越短。

于是每次月掩犯记录都有一个可见时间段。这个时间段的中点可以作为该次观测的时刻；时间段的长短就是它的误差范围，多次记录求平均时，作为取权的根据。

中国古代自西汉开始有月掩犯记录，是天象记录中数量最多的种类。五代以前，共 1229 条；宋、元、明三代，有 5371 条。我对五代以前的记录作了预处理，得到 732 条可用记录。各种方法分组求得 ΔT 的结果如下图。图中横轴是时间，纵轴是 ΔT，抛物线是 $c = -30$ 秒/世纪^2 的参考曲线。将它们按时间分为4组，分别相对于各自平均历元公元111年、公元394年、公元497年和公元815年得到ΔT等于9.87、6.45、4.40、5.57千秒（用图中十字表示）。地球自转平均加速度 $c = -30.02 \pm 1.21$ 秒/世纪^2。同时发现在公元5世纪前后，有明显的变化。

为研究这种方法会不会产生系统误差，我又对元代240条月掩犯记录做了同样的处理。这一时期已经有较精确的近代观测，时差ΔT已有比较可靠的测量值。结果显示，月掩犯的结果与近代测值非常接近，这说明我的“实际可见时间段”方法没有明显的系统误差。

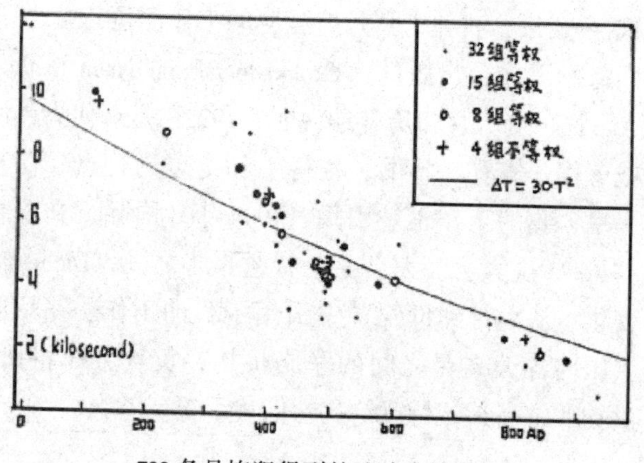

732条月掩犯得到的地球自转变化

这项工作填补了地球自转长期变化研究第3~7世纪的资料缺环，也使得中国古代大量的月掩犯记录第一次对现代科学研究做出了贡献。

应用中国古代月掩犯记录研究地球自转长期变化，是我硕士和博士论文的主要内容，先后有11篇论文发表于《天文学报》《天体物理学报》《天文学进展》《陕西天文台台刊》《自然科学史研究》《Astronomical Journal》以及国际会议文集[4,6,12,15,19,23,24,25,27,28,34]，与国内外同行也有了越来越多的交流。

我给“实际可见时间段”生造了一个英文“Really Visible Time”。美国海军天文台历算室主任 Seidelmann 说，你不如叫“Time Window”（时间窗）。那个可以看到天文事件的时间段，就像家里的一个窗口，你在家看到了某一事件，必定是通过这个窗口。我觉得这个词确实不错，以后就一直采用。

英国出版的国际刊物《Chinese Astronomy and Astrophysics》专门选择翻译中文天文学论文，我关于月掩犯的 3 篇论文也被它翻译发表。1989 年该刊创刊 12 周年，破例发表了一篇社论，举出 10 项重要成果，我关于“月掩犯”的工作便是其中之一。

美国海军天文台出版的《Explanatory Supplement to the Astronomical Almanac》（天文年历补编说明，1992）是现代天体测量学的最权威著作，兼有工具书、教科书和专著的特点。在其中地球自转一章，我的工作也被引用。1994 年，国际天文联合会在海牙举办第 22 次大会。大会 3 个特邀报告之一，Dichey 的“地球自转变化：从小时到世纪”中引用了我的工作。在场的天文委员会（国内各天文台之间的联络机构，负责分配科研基金）主任苏洪钧非常高兴，特意给我写信表示祝贺。

英美印象

1987年，顺访陕西天文台的Durham大学物理系主任A. Wolfendale（他后来荣任英国皇家天文学家）向我发出邀请，作为皇家学会的客人，对Durham大学进行为期3个月的访问。对方为我申请到K. C. Wong（王宽诚）研究奖金，再加上系里的补贴，很是优待。当时出国都是国内公派，对方出钱的情况极少。工资每月才100多元人民币，自费出国，无论学习还是旅游，都是不可想象的。

1988年6月6日从北京乘巴基斯坦航空公司的飞机，到伊斯兰堡换乘，经过晚点、飞机上原地过夜、14小时连续飞行，在飞机上耗了28小时以后，到达伦敦希思罗机场，已经是精疲力竭。夏晓阳（北师大天文系毕业，天津师范大学公派访问学者。后来在宇宙论方面工作出色，任天津师大天体物理中心主任，天津市政协常委）被系主任派来接我。接着急奔地铁，正赶上最后一班火车，凌晨两点到达Durham。

我的合作者是Richard Stephenson，他是地球自转长期变化研究方面的权威，看到了我的论文，因而邀我来交流交流。他身边有个助手，是他刚刚毕业的博士生Kevin Yau，祖籍中国香港。我们讨论了我这3个月的工作：交流天文计算方法、各国古代记录，重点研究元代月掩犯记录。专门给我找了一台个人电脑（他们都在大计算机终端上工作）。我的住处离办公室1.5千米，每天步行上下班，基本上朝九晚七，每天工作很长时间，其间完成了3篇论文[18,19,34]。

我小时学俄语，从小学6年级到高中2年级，学了6年，始终不得要领。30岁才开始学英语，困难可想而知。不过英语似乎比较容易入门，不像俄语那样复杂地变格变位，因此拿本字典就可以直接啃专业书籍，这就有利于自学。经过几年自学、电大课程以及两个学期的专门培训，我的英语可以应付基本的日常对话，专业英语更是不成问题。此前，我就已经在国外刊物上独立发表过论文了。这次来英国，对我练习英语口语是个极好的机会。Stephenson的英语字正腔圆，也有意照顾我，所以我们的交流没有问题。工作之外，我也主动找人说话聊天，以便练习语言，不过也不是人人都好对付。后来到美国海军天文台合作，Seidelmann带我去拜会军代表黑根将军，这位将军大人的话，可把我给难住了，让我不禁想起《新概念英语》第2册里的一句笑话："Do the English speak English?"

Durham，中文译名达勒姆、达拉膜、杜伦、德尔姆等，位于英格兰东北部，伦敦以北400千米，伦敦至爱丁堡的公铁交通干道上。这是个历史悠久的小城。Wear河蜿蜒流过市区，形成一个半岛，周边地势起伏。城中心有建于公元11世纪的城堡和大教堂，是世界文化遗产。仅次于剑桥和牛津，Durham大学是英格兰第三古老的大学，英国排名前列的研究型名校。学校除了大片集中的现代建筑外，也有零零星星的老屋校舍散布在小城各处。

我住的Kepier House是一个研究生宿舍，12个人住在一座旧式二层小楼，有共同的起居室和宽大的厨房。另外两个中国留学生也住在这里，三人每天都下班很晚，厨房里只剩我们，边做饭边聊天。我们每周六一起去超市采购，在城里各处游逛，我也因而较快了解这里生活的各种常识。本地和别国的同学做饭都很简单，大多是半成品放在电烤箱里烤一下，电炉则基本上是我们三人专用。学校的中国留学生有时会聚会活动，有一次是在著名诗人北岛家里，一次在当地华人家。

有句笑话说外国的月亮圆，但初出国门的人共同感叹的是，外国的天可真是蓝（那时国内还没有空气污染和 PM2.5 的概念）。夏天的 Durham 小城，到处是鲜花。尤其让人赏心悦目的是，每个路灯杆上都挂着一盆鲜花，似乎不见有人管护，却几个月一直怒放。家家户户的前后小院，都是整齐的草坪和鲜花，几乎看不到裸露的土地。每天上班路过的一户人家，盛开的玫瑰（或者是月季）爬满屋墙，像我们这里的爬墙虎一样。

第一次进超市，见识琳琅满目的商品，自由自在的购物方式；第一次上高速公路，坐在双层巴士上欣赏一路美景中途不用停车；第一次乘时速达到 150 千米的火车，体验飞驰的感觉。家家户户都有电话，人人出门都开汽车。初次出国，确实感到震撼。不过 20 多年后，这一切都成了我们自己的日常生活，变化之快，令人感慨！只是这环境，尤其是这空气，不见改进，反而加速恶化。这难道是几代人的宿命？

Yau 小两口住在城郊，两户一栋的二层小楼，大约 200 平方米。楼下客厅、厨房、车库，楼上 3 间卧室。后面是封闭的小院，门前是开放的小院，绿草茵茵，鲜花簇簇。据说这种“半靠式”是最普通的民居。中国地少人多，不得不住高楼以节约土地。即便如此，城市地价还是远远超出房屋造价。英国人均土地远少于中国，为何住房如此奢侈？

主人非常热情，师生二人轮流，几乎每个周末都开车出游。许多路段都故意走乡村道路，饱览英格兰乡村美景：起伏地面大片的草场，零星的牛羊，远处的树林和村舍，长达几公里的浓密的花篱林荫道，一幅幅美景像图画一样。奇怪的是，几乎看不到庄稼。到处都那么干净、整洁、青翠欲滴。

纽卡斯尔 Newcastle upon Tyne 在 Durham 以北 25 千米。这是

个大城市群，英格兰北部的游乐购物中心，以同名的大学和足球队著称。Stephenson家就住在这里。半路有个镇子叫华盛顿，是那个美国国父的老家；还有一个巨大的购物中心，据说是欧洲最大。

哈德良长城Hadrian's Wall自纽卡斯尔往西，延绵100千米，公元2世纪罗马人修造，用以抵御北方民族的侵扰。石头筑成，许多地方还很完整。大约3m高宽，远不及中国的长城雄伟（不过我们现在看到的北京附近的长城，是明代修筑的）。

Durham以东20千米，就是海岸了。说来惭愧，我这还是第一次见到大海。蓝天、碧海、沙滩、灯塔、海鸥，还有沙滩上的海带。英国人居然不知道这东西能吃，而且营养不错。沿海岸几十公里城市群，森德兰Sanderland旧有耳闻。

由Durham向西南方向，车程两小时，穿过荒漠，到达Tees河上的Highforce，这是英国最大的瀑布之一。这个瀑布的水是褐色的，据说被上游的矿石所染。这里属于北奔宁山世界地质公园，当今地质学的许多概念，最早就是在这里产生。

1988年，和Stephenson、Yau在李约瑟研究所，中间为作者

爱丁堡在 Durham 以北 200 千米，是苏格兰的首府。汽车一直沿着海岸行驶，一路美景。苏格兰国家博物馆，收藏着苏格兰历史遗物和苏格兰人从世界各地搞回来的珍宝。城堡建于公元 12 世纪，是苏格兰王室的象征。它在一座小山顶上，从山下的王子公园仰望，雄伟壮观。

剑桥在 Durham 以南 300 千米处，这里是世界名校剑桥大学所在地。我们拜访了李约瑟研究所，老先生已经坐在轮椅上了。研究所有很大的图书馆，中文资料丰富。在剑桥参观了国王、三一等几个著名的学院以及牛顿那棵著名的苹果树，并意外地在剑河边上的一个小邮票店里买到了许多世界各国的邮票。

全世界最著名的天文古迹，可能就要算英格兰西南部索尔兹伯里平原上的巨石阵了。这个 4300 年前建造，由大量重达几十吨的巨石构成的圆圈形建筑令人震撼。这个与祭祀崇拜有关的古建筑，许多构建指向具有天文意义，例如冬至夏至的日出方向。类似的建筑，在英国还有多处。除了巨石阵，我们还参观了另外一处石头圈。其实人类早期多有类似的崇拜建筑，例如秘鲁的十三塔。近年来我国也有发现，如山西临汾的陶寺遗址和陕西神木石峁的东门。

1988 年作者在巨石阵

英国由英格兰、苏格兰、威尔士和北爱尔兰组成，唯独威尔士人不说英语，而是说一种与英语完全不同的威尔士语。由Durham 驱车 5 小时到利物浦。利物浦大学是 Stephenson 的母校，我们去拜会了他的一位合作者，参观了现代建筑、式样古怪的学校教堂。由利物浦过海峡，再跑几十公里，就到了威尔士境内。游览了小城里辛 Ruthin 和兰戈伦 Liangollen，“偷听”了威尔士人讲的完全听不懂的话。威尔士的风光与英格兰大致相同，只是觉得树林更多、更绿。

我总共花了 10 天时间在伦敦游览。

建于公元 19 世纪的、可以开合的塔桥是伦敦的地标性建筑。桥边的伦敦塔曾是王宫、堡垒和监禁贵族的牢狱。桥边有个船锚状的日晷，据说也是著名艺术品。大本钟是英国国会大厦的钟塔，塔高近百米，钟面直径 7 米，位于泰晤士河上的西敏桥边，是伦敦著名的地标建筑。占地广大的海德公园，中心是一个湖，天鹅在湖中游弋。公园的一隅有著名的自由讲演角。大片绿树草坪，人工建筑很少。

大英博物馆是世界上历史最悠久、规模最宏伟的博物馆之一，创建于 1753 年，收藏了世界各国的历史文物和古代艺术品。特拉法加广场位于市中心，也是游客和市民的集中地。大量鸽子与游人互动嬉戏，很觉新鲜。不过，几十年后，连我们临潼这样的小县城，也有这样的鸽子广场了。广场上有 20 层楼高的海军上将纳尔逊纪念柱，广场北侧是收藏丰富的国家美术馆，馆内的珍藏对我这样的外行来说，真是对牛弹琴。

圣保罗大教堂建成于 1810 年，高 110 米，穹顶直径 34 米。是世界第五、英国第一大的教堂。威斯敏斯特教堂始建于公元960 年，可以称为国教主堂吧，历届英王在此加冕，英国最荣耀的人物在此安葬，包括著名天文学家牛顿、赫歇尔。

白金汉宫是英国女王驻地，宫前广场有维多利亚女王镀金雕像的纪念碑，每天上演的卫队换岗仪式吸引了大量游客。毗邻有大面积的绿园和圣詹姆斯公园。公园侧旁唐宁街10号就是首相府邸，一条短短的盲肠小街，一根布条拦着，只能在街口张望。

伦敦科学博物馆是世界上最早的科技馆，既通过模型和实物普及科学知识，又保存了许多科技史上著名的文物，例如瓦特发明的蒸汽机，牛顿发明的反射式天文望远镜以及赫歇尔制造的1.2米望远镜头。

英国邮政博物馆收藏和展示世界各国的邮票。在这里我终于看到世界最早的邮票“黑便士”以及好几种久仰大名的世界珍邮。到吉本斯邮票公司去游览一番，并买上几枚邮票。该公司以出版“吉本斯世界邮票目录”而在集邮界大名鼎鼎。拿着旅游地图在伦敦城中心游荡，甚至找到了狄更斯笔下的老古玩店、福尔摩斯的住所贝克街和“阴谋论”热点共济会总部。

格林尼治是伦敦东郊的一个小镇，1675年格林尼治天文台建在一个俯瞰泰晤士河的小丘顶上。几百年间，成为国际天文学界的翘楚，1884国际经度会议将地理经度的零点设在这里。嵌地铜条标示的0°线穿过象征经度原点的中星仪观测室，这正是我工作了十几年的设备，直到它退出历史舞台。1950年，由于城市光污染，天文台迁至英格兰南部海岸的赫斯特蒙修城堡，这里成为展示天体测量学的博物馆。由市中心开往格林尼治的轻轨车，是无人驾驶的，我抢到1排1号的位置，饱览沿途风光。

从伦敦乘大巴南行80千米，到达布莱顿。师弟李建科在这里的萨塞克斯大学读博士。这是个美丽的海滨旅游城市，艺术和时尚中心，著名的王室行宫建筑成印度风格，海边有很大的游乐场，许多有钱人在这里购置别墅。

1988年9月18日，我乘大巴离开伦敦，由多佛尔港乘渡轮横渡英吉利海峡，到比利时泽布吕赫港，大巴经安特卫普到布鲁塞尔，乘市郊火车到鲁汶，对鲁汶大学中国研究中心做为期一周的访问。这里是清初钦天监监正南怀仁 Ferdinand Verbiest 的家乡和母校。在布鲁塞尔浏览了皇宫、国会、法院、欧盟总部、大广场、撒尿的小孩塑像，参观了皇家美术馆和中国古代技术临时展览。

9月25日从布鲁塞尔乘火车到德国科隆，参观科隆大教堂和莱茵河街景，转车到比勒菲尔德 Bielefeld。在比勒菲尔德大学参加“潮汐与地球自转”国际会议。会议主要讨论地球自转变化的地球物理机制。我在会上做了用中国古代月掩犯研究地球自转长期变化的报告[18,19]。

9月30日会议结束，返回伦敦，转乘巴基斯坦航班，10月2日回到北京。

我的工作，主要依靠天文计算。在天文学中，属于历书天文。到公元19世纪末，建立在牛顿力学基础上的天体力学日渐成熟，日月行星及各种天象的计算，已经达到相当精密的水平。只是计算过程复杂烦琐；即使天文学家也视为畏途。各种天文观测的归算，强烈依赖于每年出版的天文年历。直到公元20世纪晚期，由于计算机技术的飞速发展和普及，天文计算才逐渐退去神秘面纱。

美国天文年历，由美国海军天文台历算室负责。1987年，海军天文台历算室主任 P. Kenith Seidelmann 顺访陕西天文台，我和他得以相识。此后合作对中国古代行星掩星记录进行了整理与研究[16,17]，并尝试用“抛物线法”研究中国古代月掩犯，以获得地球自转加速度信息[24]。1990年10月，应 Seidalmann 邀请，我对位于华盛顿的海军天文台进行了为期1个月的访问。我向同行介绍了中国古代天象记录，认真核对了我的天文计算方法和结果，并对正在写作的《天文年历补编说明》中国历法部分提供解释和咨询。

海军天文台以天体测量为主，是美国的授时中心，历来与陕西天文台有合作，以前曾有两位同事在这里留学。Seidelmann的办公室墙上挂着一排画像，这是他的历届前任，其中包括大名鼎鼎的Simon Newcomb和G. M. Clemence，他们都对天文计算方法的建立有极大的贡献。院内有著名的66cm折射望远镜，1877年A. Hall用它发现了火星的两颗卫星。现在海军天文台对公众开放。

海军天文台图书馆（1990）

海军天文台有完整的围墙（欧美国家很少有围墙），整个院子呈直径600米的正圆形（稀罕吧）。我住的天文台客房是一座只有两个卧室和一个客厅的小木屋。美国副总统官邸也在天文台院里，距离我住的客房只有 50 米远。有一次副总统的直升机降在我的屋旁草坪上，一群人从我门口走过去，而我正端着老碗蹲在门口吃饭。

华盛顿市中心的国家广场 National Mall 集中了一批美国最大的国家博物馆。我每个周末挨个儿参观：美国历史博物馆、自然历史博物馆、航空航天博物馆、国家植物园、国家美术馆等。此外，国会大厦、国会图书馆、白宫、林肯纪念堂、华盛顿纪念碑都在这里，这些地方全都对公众免费开放。

夏商周断代工程

作为世界文明古国之一，中华文明延绵几千年，从未中断。但是我国确切的历史纪年却只能上溯到西周后期的共和元年（前 841），这是公元前 1 世纪司马迁在《史记》中的记载。再往前，各种史籍记载互相冲突，无法定论。两千年来虽经史家不断努力，但仍未有重大进展。现代科学的发展和考古学新发现给这一重大问题的研究带来了新的契机，由古文献、古文字、考古、碳 14 测年和天文学等方面专家联合攻关的《夏商周断代工程》被列为国家“九五”重大攻关项目，于 1996 年启动。

远古文献中往往记有明确的和不太明确的天象。利用当今天文学的计算技术，其中许多天象是可以复算而找出具体年代，或提供有用的信息。过去的年代学研究者也经常利用天象记录，但由于计算能力有限，只能就某种可能性请天文学家做特定计算，而无法就全部可能性做全面扫描性搜索。计算机技术的发展，使得天象计算不再繁难。对于一个模糊不清的远古记录，可以就各种可能性做全面的分析，这是过去难以企及的。天文现象往往是反复出现的，各种不同的现象有其不同的规律。因此，很难单独利用天象来确定事件发生的时间。在考古、文献方面将年代限制在一个较小的范围时，天文方法往往能得到确定的结果。

《夏商周断代工程》共列 9 大课题辖 44 个专题，其中 12 个为天文专题或以天文为主，它们贯穿在夏、商、周三代之中。作为断代工程的首席专家之一，席泽宗先生策划和领导了天文部分的全部工作（另外 3 位首席是李学勤、李伯谦、仇世华）。

1996年4月，天文学史会议，议定了各天文专题和负责人。我争取到了“天再旦”专题。我的合作者是西北大学历史系的周晓陆教授。他也自幼喜爱天文，捎带天文学史的教学和研究，我们因而相识。他在历史文献方面给我重要支持，并且亲赴新疆组织了塔城的观测。晓陆后来先后在北京师范大学、西安美术学院、南京大学任教，从事艺术考古、文物和历史学方面的教学研究。

西晋时出土的战国魏襄王墓中，发现了大量散乱的竹简，由此整理出一部远古史书，称为《竹书纪年》。其中记有“懿王元年天再旦于郑”。“懿王”在共和之前四代；“天再旦”似乎描述天亮了，又黑了，又亮了的过程；“郑”是西周地名，大约在今天的陕西华县。1944年，刘朝阳首次提出，这应该是一次日出时发生的日全食过程。此后若干学者针对日食假说，对懿王元年给出6种不同的结果，其中韩国方善柱于1975年最先提出公元前899年。1988年，美国华裔彭瓞钧利用电脑和最新计算程序支持“899”说。我当时就对这一问题很有兴趣，在《天文爱好者》撰文介绍，并觉得这事值得深入研究。

我以为，前人的研究对这一天象没有完整的物理学模型和定量的描述，因而说服力不够强。从天文学角度来看，日出时发生的日食应由3个过程叠加：1. 日出过程的天光变化，我通过多次实际测量获得了太阳高度与天光亮度的表达公式，以及天气状况的影响。2. 日食过程的天光变化，可以由天文学方法计算出来。3. 亮度向视亮度的转化，我通过视觉光学专著中的理论和实验数据推导出了公式。

天再旦的最基本特点就是白天的突然转黑。选用十分钟内的视亮度下降量来表述其程度称之为“天再旦强度”。因此，可以用理论方法计算古今任何一次日食在特定地点形成的天再旦强度，进而在地图上画出该次日食造成天再旦现象的地区和等强度线图。

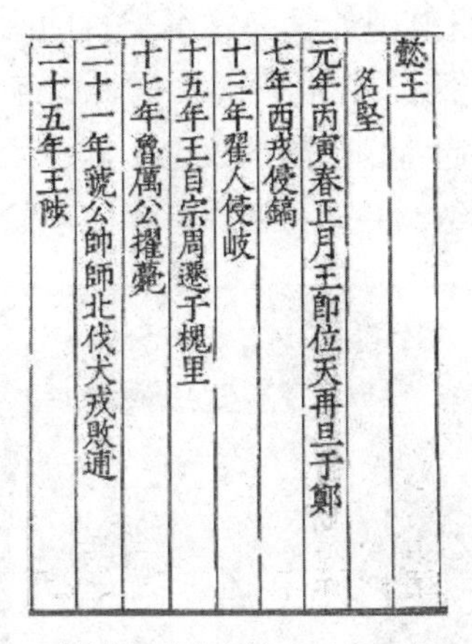

懿王
名堅
元年丙寅春正月王即位天再旦于鄭
七年西戎侵鎬
十三年翟人侵岐
十五年王自宗周遷于槐里
十七年魯厲公擢薨
二十一年虢公帥師北伐犬戎敗逋
二十五年王陟

《竹书纪年》中的天再旦记载

与理论分析同时，十分需要系统的实际测量，来验证理论计算，来说明日出时日食究竟给人们带来怎样的感受，以及多大的天再旦强度可以被人感觉到。为此，我们利用 1997 年 3 月 9 日全食之机，在新疆北部组织了一次群众性的观测。在天文爱好者和当地居民的积极帮助下，观测取得圆满的成功。共收到 60 人从 18 个地点寄来的 35 份报告。从收到报告的地点来看，观测地点覆盖了日出前后发生日食的各种情况，尤为可贵的是，同时有不同的天气状况，因而获得了相当全面的观测结果，完全证实了我们的理论计算。

我们搜索了公元前 1000 至公元前 840 这 160 年的全部日食，在地图上标出所有的天再旦地区。结果证明，有且仅有公元前 899 年 4 月 21 日一次日食符合天再旦的天文条件。因此可证实懿王元年在公元前 899 年[39,41-44,54]。

天再旦的工作在工程内受到重视。中央电视台在新闻联播中重点播出、在科教频道做了专题节目，《南方周末》以头版长篇进行报道，电视、广播、报刊、网络都有广泛的报道。1998年1月16日在中南海国务院会议室举行的断代工程汇报会上，我的天再旦报告作为3个报告（总报告、沣西西周遗址发掘、天再旦）之一，引起特别热烈的议论。懿王元年即公元前899年最终被断代工程采纳，并作为西周王年体系的一个支点。

央视新闻联播截图（1998年1月16日）

1999年年初，首席专家组长李学勤先生约见，要求我重做“武王伐纣天象”专题。因为原先的专题负责人对古代文献的认识和所做结果，与史学界的主流意见不一致。

武王伐纣的年代是中国历史的重大疑案，也是《夏商周断代工程》的关键点。与此相关的天象和年代记录相当多，但普遍存在文辞简略、含义不清、文献可疑、互相矛盾等问题。对文献的不同采信、勘误、解释、推论，就导致不同的年代结果。历来的研究，在100余年范围之中，竟有44种结论。我想，应当在文献年代和考古发掘的限制内，按照史学界主流认识的文献解读，全面考察各种有关天象的规律，使得最终结果满足尽可能多的文献记载。

在西周时期的铜器铭文上，有60余条日期记录，载有王年、月份和日干支，并有用“生霸”“死霸”表示的月相。在一定的时代限定下根据月相排列这些记录，就有可能得到西周各王年的相互关系，称作“金文历谱”。有一个专题组专门研究月相辞的含义并排出金文历谱。

《尚书·武成》中记载了武王伐纣过程，像日记一样，其中也有3个这样的日期。这3个日期之间形成固定关系，但他们在哪一年，取决于月相。我们分析了月相含义和年份的关系，并由金文历谱组研究确定的含义，得出契合程度不一的9组可能的年代结果。

《国语·周语下》有“武王伐殷，岁在鹑火”，以及月、日、辰、星的所在位置。岁星即木星，它在鹑火星座的现象，符合《武成》9组结果中的公元前1046年。月日辰星记录指示时在冬季，与《武成》所记一月二月相符。

这一结果还与“丙子月食”、《利簋》铭文及其他天象和年代记载有较好的符合，和前（甲骨碳十四测定和宾组月食得到的商代末期）后（文献记载和铜器铭文得到的西周列王）年代也有较好的照应。武王伐纣发生于公元前1046年最终被断代工程采纳，成为商周年代的基本支点[45,46,48,56]。

此外，我还在吴守贤老师负责的“仲康日食”专题组负责天文计算。《尚书·胤征》记载了夏代仲康王时的一次重大事故，历代都解读为一次日全食。专题组对前人的相关研究进行了全面的分析和评价，并用现代天文计算方法对该次日食的可能日期做出了分析。由于仲康年代缺乏较确切的范围，目前还不能据日食确定具体年代结论。

工程设立的“天文数据库”专题，由于负责人出国留学而陷于停顿。1999年年初，我接手这个项目，和学生宁晓玉合作，在原先已建立服务器的基础上，全面计算了夏商周时期的恒星位置、朔望日期、节气日期、日食月食等天象。这些资料制成网页，挂上服务器。最终圆满完成任务。

工程又增设“三苗日食”专题，委托我和一位历史学家负责。《墨子》记载大禹征三苗时发生的“日妖宵出”天象，被认为可能是一次日落时或日出时发生的日全食。在历史文献研究给出的时间和地域范围内，我计算搜索了计算误差范围内所有的日食，从天文学方面分析了各种可能性[50]。

《竹书纪年》记载“周昭王十九年，天大曀，雉兔皆震，丧六师于汉”，昭王的这次南征在铜器铭文中也屡有记载。“天大曀”也被前人解释为日全食。的确，日全食遭遇阴雨天气时的感觉同样令人震撼，我在2009年7月22日长江大日食时身历其境。由前人的研究可知昭王十九年应在公元前1010年~公元前940年之间，记载此次日食的地点应当在从周都到洞庭湖以南之间的某处。我对这一范围内的日食做了搜索和分析后发现，在对断代工程得到的西周年表作微小调整后，昭王十九年天大曀可以认定为公元前976年5月31日日全食。这对”夏商周断代工程”所定出的昭王前后年代是一个独立的支持[53,64]。

1999年5月，44个专题组的工作陆续完成，九大课题也分别开会协调出结果，首席科学家开始主持阶段成果报告的起草工作。9月，《夏商周断代工程1996~1999年阶段成果报告·简本》完成。2000年4月，报告修订稿通过了阵容强大的专家审议，正式公布。成果报告给出西周共和以上各王起止年代、商后期诸王年代、商前期和夏代大致年代范围。懿王元年公元前

899 年、武王伐纣公元前 1046 年被采用。成果报告列出 12 项标志性成果，天再旦、武王伐纣和仲康日食名列其中。我关于西周年代的工作，集于一书《从天再旦到武王伐纣——西周天文年代问题》(世界图书出版公司 2006 年)。

断代工程报告和《从天再旦到武王伐纣》封面

夏商周断代工程得到政府的全力支持，同时又是一个容易引起公众理解与兴趣的话题。工程启动后，媒体做了大量的跟踪报道，在社会上有很大的影响。中科院、工程院两院院士投票推举为 1999 年国内十大科技成果之一。断代工程提出的年代表，被工具书、教科书和历史博物馆广泛采用。

反对的声音也很强大。最明显的特征是，越专业的层次，反对越激烈！美国一位研究商周年代多年的著名汉学家，在成果报告公布的第二天，在《纽约时报》撰文称，国际学术界会将夏商周断代工程的成果报告“撕得粉碎”！其实，断代工程开始时，学界非常支持。有过这方面研究的学者纷纷将自己的或自己支持的成果送交工程，希望在工程的成果报告中采用自己的结果。但是，年代学的性质决定了无法用含混的措辞四面讨好。最终成果是一串数字，这些数字之间必须有逻辑联系，必须符合最多的已有文献和考古信息。面对每个王年都有许多个答案的局面，得罪大多数是不可避免的。

断代工程真正面对的危险，是新的考古成果。根据现有60多条金文历日月相总结出的月相辞定义、搭建起的历日年代框架，在每一个新发现的金文历日面前，都面临着生死考验。只能说，夏商周断代工程在20世纪末学术和技术成就的基础上，做出了一个与最多信息相容的、自洽的、全面的结果。因此工程的结题报告也诚惶诚恐地自称“1996~2000年阶段成果”。

发掘古代天象记录的宝库

中国古代有记录天象的传统。朝廷设立天文台，专职天文学家昼夜监视天空，记下特殊天象，报告皇帝，记入史书。其数量之多、种类之全、时间之久，举世无双。古人记录这些天象，一方面为皇帝占卜吉凶，另一方面为天文学研究积累数据。2012年，时任中华人民共和国副主席的习近平同志在国际天文联合会北京大会上致辞，特别指出中国古代天象记录为人类留下宝贵遗产。

这些数量巨大的天象记录，对于历史学、科技史学和现代科学研究，都有不可替代的作用。最有名的例子是，多种文献记录的北宋至和元年（1054）天关星旁明亮的客星爆发，印证了8个世纪后望远镜观测到的金牛座超新星遗迹M1。这对于宇宙演化的研究具有重大意义。席泽宗、薄树人先生整理的中国古代新星记录表，在国际天文学界有大量的引用。

20世纪70年代，天文学家在各地图书馆的配合下，对中国古籍中的天文相关记载做了大规模的调查和整理，重点是地方志天象记录。调查结果汇集成油印本，并摘要出版了《中国古代天象记录总集》。不少学者利用中国古代记录对超新星、地球自转、太阳活动、彗星、流星雨等研究进行了探索。我在力图利用这些记录为现代学术服务（例如前文所述的地球自转和年代学）的同时，也希望对他们的文献来源、门类、数量、错误情况做一个全面的统计和分析。

天文计算方法和软件

天文计算，是我研究工作的基本方法。通过研读公元19世纪末纽康等人的经典和当代著作，可以建立起恒星和日月行星位置计算的系统公式。通过与紫金山天文台历算室和美国海军天文台的学习交流，使这些计算过程和结果得以确认。美国航空航天局和法国经度局应用计算机技术开发了专门的计算软件，为天文爱好者开发的商业软件更是层出不穷。专业软件精度很高但应用不便，需要应用者接着开发以便专业应用。商业软件则便于使用，界面友好，但功能固定，可靠性较差。我的工作中，经常需要编制各种小程序以适应各种研究应用，同时也开发了几种中国天文学史研究中常用的软件。

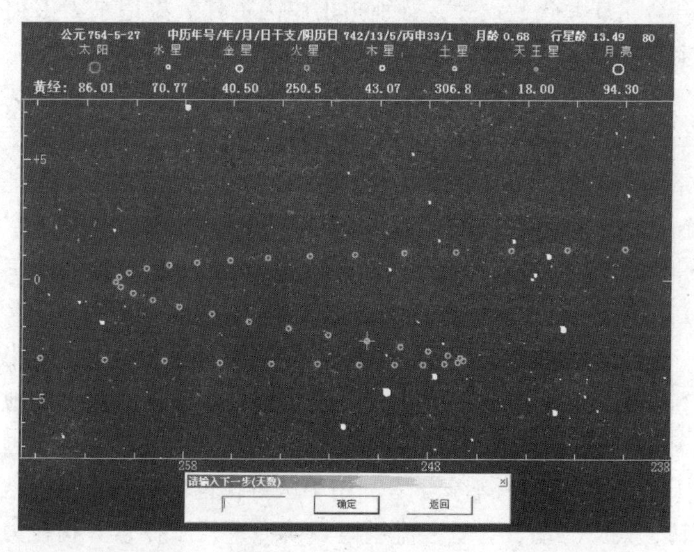

CZS 软件演示的《新唐书·天文三》天宝十三载五月荧惑守心

恒星星名及位置软件，用于中国古代恒星星名证认和观测记录的研究。包括由星图上或星空中观测到的星点查星号、GC星表和耶鲁亮星表的星号互查、由耶鲁星号计算不同历元的恒星位置。

中国传统历日和公历日期的互相化算。可以输入中历年号及年、月、日，查西历年、月、日及儒略日数。中历的日，可以选择干支拼音或日序，也可以输入西历查中历。软件的基本数据包括了西汉以来的中历全部朔闰信息，采用压缩编码以使软件精干短小。这一软件，对于中国历史研究有着普遍意义。

日月行星的星空位置，即输入地点和时间，以星图形式展现恒星和日月行星。这也是面向天文爱好者商业软件的普遍形式。为适用中国天文学史研究，我的软件 CZS（Chinese Zodiac Sky）具有中国历日直接入口，还显示了日月行星数表，其中包括当时历元和标准历元的黄道和赤道坐标、中国天文学特需的“入宿度”。星图上的行星可以随时间移动，画出运动轨迹。这个软件特别适合中国古代天象记录的检验和考证。

中国古代日食记录

在古代中国，日食被认为是对皇帝非常不利的天象，受到特别的重视。至少从汉代开始，就有了日食预报和“救护”制度。因此日食记录特别完整，但观测记录常常和预报混淆。日食通常记录在历代史书的帝纪中，而其他天象通常在天文志中。早期的日食记录模糊，甲骨文和先秦文献中屡有线索。由于年代久远，常被用来做年代学和地球自转变化的研究。对这些记载和研究进展，我做了全面的评述。自春秋开始有了系统的日食记载，自汉代以降，大多数实际发生的日食都被记录下来。这些记录形式简单而规整，源自历代史官，姑称之为“常规记录”。我把公元 1500 年以前的常规记录整理成一个计算机可读形式的数表，包括 961 次日食记录，以及其中一些较详细的信息。明代中期以后，地方志中也有不少记录，其中日全食记录更有价值。但地方志记录中错误较多[37,38,55,57,58,60~62,69,71]。

过去的古代日食记录研究依赖日食典，例如公元 19 世纪末的《奥伯尔兹食典》。后来国外又出版了两三种，但使用仍有不便之处，且难以找到。我和学生马莉萍重新编算了一部《中国历史日食典》（世界图书出版公司2006年）。这部日食典分析过去各家的优缺点，采用图表并用，在多方面加以改进，给出公元前22世纪至公元21世纪中国发生的日食。日食表给出若干地点的见食时间和食分，日食图能表现出日食的全面形势和计算误差带来的可能变化。改进地图比例使得日食图更加清晰准确。书中给出的平面内插法可以近似计算其他地点的情形。是中国历史和科技史研究的工具书，也为天文学家和天文爱好者提供有益的参考[68]。

中国古代天象记录的全面统计分析

30多年来，我一直沉溺在中国古代天象记录中，先后用了十几篇论文，对这些古代记录做出全面的统计分析[67,69,77,87~93,95~97]。

早期文献和殷商甲骨中有一些天象记载，但措辞模糊，年代不明。《春秋》中记载了37条年月日清楚的日食，基本上得到天文计算的证实。此外还有几条流星雨、彗星、陨石的记录。自《汉书》开始，历代史书系统地记载天象，直至明末清初。月、行星掩犯最早出自《汉书·天文志》，很快就成为数量最多的天象记录。令人意外的是，系统的月食记录迟至南北朝才出现。

唐代以前的天象记录往往伴随着迷信占验，呈现“事一占一验”的标准形式。例如《晋书·天文志下》：

> 太元十六年十一月癸巳，月掩心前星。占曰“太子忧”。是时，太子常有笃疾。

二十五史自《汉书》以降，大多数有《天文志》（或天象志、司天考、五行志），专门记载天文知识和天象记录。诸史

《本纪》则通常记有完整的日食，以及部分彗星、星昼见等现象。在一些时期，天象记录的篇幅和数量，竟然超过记载全国大事的本纪。诸史《历法志》则在讨论历法精度时偶尔举出少量别处不见的日月食计时记录。虽然各种类书例如《古今图书集成》《文献通考》系列也用大量篇幅记载天象，但显然是抄自正史。元代及以前，正史以外很少有独立的天象记录。大约唯一的例外是，《唐会要》记载了唐代 89 次月食，是新旧唐书所没有的。

《明实录》基本完整存世，让我们看到比天文志更原始的天象记录存在状态。其中各种记录数量之多，是之前诸史所少有的。《明史·天文志》天象记录仅有《明实录》的三分之一，大多数流星，全部月食、月掩犯恒星都没有收录。明朝中期开始，地方志和私人著作数量大增。其中有不少独特的天象记录，例如日全食、流星。但是地方记录错误率极高。清代的官方天象记录止于乾隆，而且许多记录实际上是预报。传教士引进西方天文学之后，天象能够较精确地预报，传统天象记录已经失去意义了。

下表给出二十四史天象记录的统计：总数、年平均和由可计算天象得到的错误率（百分数），除《明史》外，历代总计 15 292 条。

朝代	西汉	东汉	三国	晋	南朝	北朝	隋	唐	五代	宋	金	元	明
总数	174	431	105	526	993	1325	49	1049	276	7919	570	1875	2115
年均（次）	0.8	2.2	1.7	3.4	6.1	7.2	1.3	3.6	5.2	25.1	5.4	17.5	7.7
错率（%）	27.7	25.7	31.1	30.9	17.8	23.4	63.2	26.2	14.6	10.0	12.9	4.3	11.8

此外，《明实录》总计有天象6537条，年均23.7次，远多于《明史》。《清史稿·天文志》顺、康、雍、乾四代5968条，年均39.5条。明清地方记录错误率太高，互相重复，无法计数。

天象记录校勘

二十五史是中国古代最重要的典籍，长时间流传会产生错误和版本差异。20世纪60年代至70年代，中华书局组织一流专家对二十五史进行了标点和校勘，形成权威的“中华点校本”。近年来国家组织了“点校本二十四史及清史稿修订工程”，力图在体例和内容上使得该书更加完备。

在各种类型的天象记录中，多数天象是可以用天文学方法推算的。这样，我们可以检验这些记录是否正确。如果错误，还可以考证其原来面貌，恢复“历史的真相”。例如《魏书·天象志三》记载“天赐四年八月辛丑，荧惑犯执法。”查天赐四年八月没有辛丑日，该年八月辛卯（407年10月11日），荧惑（火星）距离执法（σ Leo）仅0.6°，符合“犯”的定义。显然，流传过程中，“辛卯”被误为“辛丑”。

我一直注意对天象记录文本的校勘，并参加了“修订工程”，负责用天文计算的方法对二十五史中的全部天象记录进行验算，并尽可能对错误的记录进行考证复原[33,40,75,80~84,94]。

错误大致可以分为4类。1. 传抄错误：与史书其他内容不同，天象记录的关键词干支和数字，一旦抄错，就难有改正的机会。常见错误有形似、音似、脱字，等等。2. 编纂错误：天象记录从实录等编年体史书中摘出时，容易误用日期。天象分类时也有可能混淆。3. 原始错误：观测者对天文术语的掌握不规范、误差较大、认错星，等等。4. 不可见日月食。一些日月食记录当天确实有日食或月食发生，但中国各地都不可能看见。

这是源自不准确的预报。

原点校本对天象记录的校勘，仅限于干支日期的查证（如上文天赐四年八月没有辛丑日）和文本比较。采用天文计算检验后，发现的和解决的问题远远多于过去。除了将发现的问题标注于工作本，提供各史校勘组参考外，我将其中错误而又可以考出原貌者两千余条集于一书《诸史天象记录考证》（中华书局 2015 年）。这本书在新版二十五史所附的校勘记中被大量引用。此外，我专门为修订工程编制的中西历软件，也为各史编修组起到重要作用[78]。

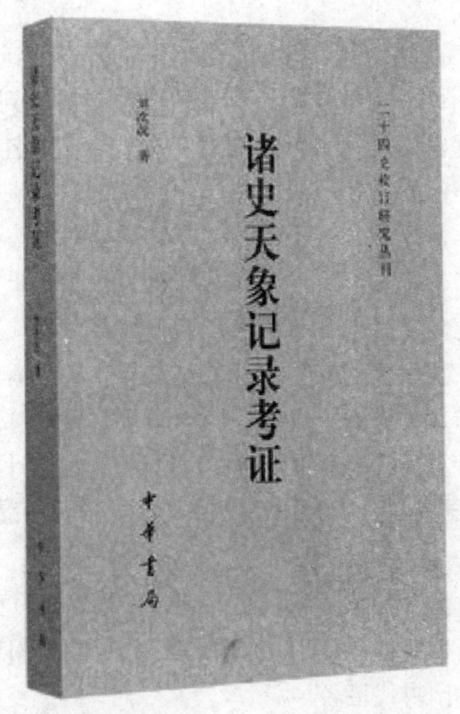

《诸史天象记录考证》封面

潜泳在历史中

自从硕士论文开始，我的研究兴趣逐渐进入天文学史领域。重点是利用现代天文学和天体测量的方法，发掘、整理和研究中国古代天象记录。

首先介入的是恒星位置计算。中国古代有自己独特的恒星命名系统。早期有石申、甘德和巫咸各自建立的恒星系统。三国时吴国太史陈卓将三家星合并，建立一个包括 283 个星官，1464 颗恒星的系统，这个恒星命名系统一直沿用到明末。清初执掌钦天监的西方传教士把这个系统的恒星扩充到 3000 多颗，并用数字给星官内的每个恒星命名。这些传统星名究竟是天空中哪些星星，需要与现今天文学星名系统的对应。这就需要根据古代文献中的文字描述、图形表达、测量数据等信息加以辨认。宋代和清代都有系统的恒星位置测量数据传世，把它们和现代星表的恒星位置对比，就可以找出对应。现代星表需要作岁差等计算，把位置化算到古代的观测年代。应潘鼐、伊世同等前辈的要求，我研究了大时间跨度恒星位置计算方法（过去常用的岁差计算公式不适用计算古代位置），编制计算机程序计算了 1800 颗恒星 3000 年间的星位，为他们的研究提供基本数据[2,5,22,76]。

古代有大量月行星掩犯恒星的记录。计算出月亮行星以及恒星的位置，也可以找出对应的恒星。我也尝试用这种方法来证认恒星的中国古代星名[7]。

20 世纪 90 年代，陕西省开展科技志编纂工作。吴守贤老师负责古代天文学部分，我和张铭洽（我的西大发小、天文小组同好，陕西历史博物馆研究员）合作对陕西天文文物遗存、天文人物进行了调研。《关中古代天文遗存》一文论述了西周灵台遗址、西汉牛郎织女石像、西安交大汉墓星图、瞿昙譔墓碑等与天文学有关的文物和遗址，以及西安碑林和陕西历史博物馆天文相关展品等共计 24 项。《陕西古代天文人物》搜集了籍贯为陕西和在陕西地区工作的天文学家，记载他们的身世和天文学成就。此外还对西安碑林《开成石经》中的《唐月令》、秦简《日书·玄戈》的天文学意义进行了专题研究[26,29～32,35,36,66,67]。

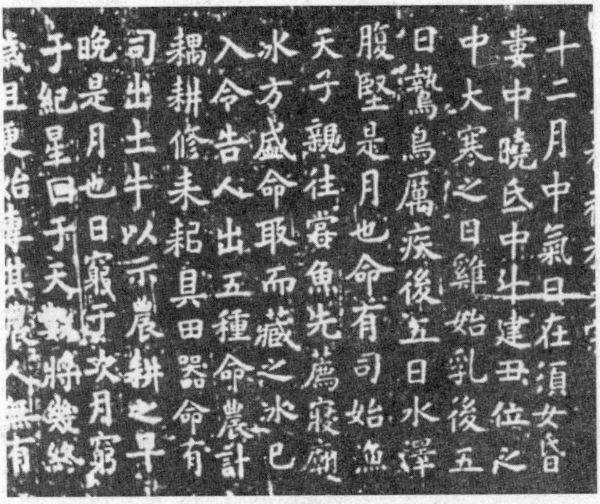
十二月中氣日在須女昏
婁中曉氐中斗建丑位之
中大寒之日雞始乳後五
日鷙鳥厲疾後五日水澤
腹堅是月也命有司始漁
天子親往嘗魚先薦寢廟
冰方盛命取而藏之冰已
入令告人出五種命農計
耦耕修耒耜具田器命有
司出土牛以示農耕之早
晚是月也日窮于次月窮
于紀星回于天數將幾終
歲且更始專其農人無有

《开成石经》中的《唐月令》——

它与《礼记月令》不同，反映了唐代的天象

山西临汾陶寺遗址被认为是 4000 年前帝尧时期的首都“阳城”。其南城墙上发现一个祭坛式建筑遗址。一道半径 11m 的圆弧形夯土墙基上留出 12 条狭缝，而且圆弧的中心有一个夯土台基。站在中心台基上可以从 12 条大致均匀分布的狭缝望向远处的山脉。我参与利用天文计算方法对狭缝指向的研究，发现第二、第十二两条狭缝分别指向冬至和夏至日出方向。按照精密计算，在 4000 年前指向日出更加准确！这充分说明这个遗址的天文学意义：先民利用这些狭缝来观察日出方向，用以确定季节，指导生产和生活。我还用天文计算方法对考古队所做的大量模拟观测进行了分析，并与秘鲁新发现的类似功能的十三塔作了对比[63,70,72,74]。

对某些种类的天象记录作深入的分析统计，可以了解古人的研究兴趣、观测特征和使用的术语的含义。例如利用行星相对位置记录研究古人如何用丈、尺、寸单位来表达天空角度[13]，用月行星掩犯记录来检验古代相关术语的含义[8,14,25]，对“荧惑守心”记录的研究了解天象记录错误的缘由[73]。

“荧惑守心”指火星运行中在心宿范围内留守的现象，在古代星占中被认为是非常严重的恶兆。有学者研究指出，历代文献中的23次荧惑守心记录，竟然有17次均不曾发生，而在另一方面，自西汉以来实际应发生的近40次荧惑守心天象，却多未见记载。因此他认为，这种被认为“大凶”的天象记录，多出于伪造。这项研究，对于中国古代天象记录的真实性，造成严重的质疑。

由本书上节表中可见，大量可计算天象得到的错误率，唐代以前平均约30%，此后平均约10%。而且，这些错误记录大多可以考出原貌。因而，这些错误显然可以用传抄笔误来解释。相比之下，荧惑守心的错误率显然太高。因此，我对火星的视运动规律进行了仔细研究，发现火星在心宿留守时，其运动总是呈反“Z”字形，2400年来总共发生80次荧惑守心现象。搜索古代文献，共发现25次荧惑守心记录。其中10个是准确或基本准确的，15个错误记录可以分为3类：（1）两个记录有明确对应的荧惑守心天象，只是时间被有意无意地提前，以便符合“先天后人”的星占逻辑；（2）11个记录是由星占意义相同的类似天象（例如荧惑犯心、荧惑守氐、岁星守心）误传或者明显笔误导致；（3）只有两个错误没有明显的线索。由此可见，虽然荧惑守心记录的错误率特别高，但并非凭空编造。

自春秋以来的2000多年里，中国历史事件一直有确切的日期记录。一个完整的日历表以及与公历日期的确切对应，是史学研究的重要工具。以陈垣《二十史朔闰表》为代表的、史学界普遍使用的2000年来中西历日对照表，是宋代到清代学者根据历代历法志推算出的。这个日历与历代实际行用的历日常常会有微小差异，与唐代碑刻和汉代简牍对比都有发现。在对历代天象记录的检验中，我发现27例历日差异[86]。这对于建立古代真实行用的日历和研究古代历法，都起着日积月累、添砖加瓦的作用。

在对《魏书》天象的检验中发现，太安至皇兴连续13年间的62条天象，有59条的年份都恰好提前一年。中华书局本《魏书》校勘记发现了部分问题，认为是《魏书》抄《宋书》而于年代比对发生错误。但是，《魏书》中差一年的记录，有几乎半数是《宋书》中没有的。另外一种可能是，《魏书》编纂时，这一部分的纪年发生了错误：前一年号“兴光”的积年，少了1年。倘若如此，影响可就大了[85]。

《旧唐书·德宗本纪下》贞元四年正月起始的含有31个干支日的一段大约千字的段落，月日错乱。通过对其中两条天象记录的计算以及其他证据，可以恢复出原文脱漏的“二月”“三月”“四月”“五月”的正确位置[79]。

这些例子都说明，对天象记录的天文计算分析，可以为史学研究助力。

直到硕士研究生之前，我对历史学科并没有特别的兴趣，只是踏实学习了小学到中学的语文和历史课程。在蒲城的7年，身边陪伴着5座唐朝皇陵以及诸多古迹，甚至唐宪宗景陵就在我们的短波台院内，都没有去考察观赏过。自接触古代天象记录以来，对中国历史和传统文化越来越有兴趣。尤其是参加“夏商周断代工程”和“点校本二十四史及清史稿修订工程”以来，结识了许多历史学界、考古学界的朋友，有许多共同语言和共同兴趣。学到许多知识，也为他们解决点滴问题。有时恍惚间感觉自己潜泳在中国历史的长河中，俨然也成了一名历史学家，参与着中国历史的书写。

中央电视台拍摄的专题片：《科学重器——国家授时中心》截图（2016）

2009年，我退休了，生活却并没有多大变化，仍然以每天坐在办公室里为乐。前几年做二十五史修订工程的事，目前和马莉萍合作，正忙着对明代天象记录的全面整理分析，准备出一本书《明代天象记录研究》，目前已经完成了多半。

纯基础研究就有这样的好处：不依赖经费，不依赖团队，凭着兴趣一直干到老，捧着没有多少人读的冷门研究论文自我陶醉。

生命不息，追星不止！

刘次沅研究论文目录

[1] 陕西天文台光电中星仪 1972～1976 年测时结果的风效应，[陕西天文台台刊]，1978.

[2] 1800 颗恒星三千年来的平位置，[陕西天文台台刊]，1983.（吴守贤，刘次沅）

[3] 岁差常数的测定，[天文学进展]，1984.

[4] 两汉以前的古代大食分日食记录，[天体物理学报]，1985.

[5] 二十八宿距星三千年来的平位置及其与古代观测的比较，[陕西天文台台刊]，1985.（吴守贤，刘次沅）

[6] 由南北朝以前月掩恒星观测得到的地球自转长期加速，[天文学报]，1986.（英文版：CAA，1988）

[7] 五十颗黄道星的东晋南北朝时期星名，[天文学报]，1986.

[8] 中国古代行星位置观测，[陕西天文台台刊]，1986.（吴守贤，刘次沅）

[9] 新天文年历的计算视位置公式，[天文与时频]，1986.（李志刚，刘次沅）

[10] 中国古代天象记录对现代科学的贡献.［从古铜车马到现代科学技术］，西安交大出版社（1986).（吴守贤，刘次沅）

[11] 关于银道坐标系的定义，[陕西天文台台刊]，1987.

[12] 古代交食记录对地球自转长期变化的研究进展，[天文学进展]，1987.（吴守贤，刘次沅）

[13] 中国古代天象记录中的尺寸丈单位含义初探，[天文

学报]，1987.

[14] Ancient Chinese observations of planetary positions and a table of planetary occultations，[Earth，Moon and Planets]，1988.

[15] 南北朝以前171个月掩星记录得到的地球自转长期变化，[天体物理学报]，1988.（英文版：CAA，1988）

[16] 二十四史行星掩星考证，[自然科学史研究]，1988.（刘次沅，Seidelmann）

[17] Analysis of ancient Chinese records of occultations between planets and stars，[AJ]，1988.（Hilton，Seidelmann，刘次沅）

[18] Historical Chinese astronomical observations，[Earth's Rotation from Eons to Days]，Springer – Verlag press（1990）.

[19] Application of early Chinese records of lunar occultation and close approaches，[Earth's Rotation from Eons to Days]，Springer – Verlag press（1990）.（刘次沅，Yau）

[20] 古代天象记录与应用历史天文学，[陕西天文台台刊]，1990.

[21] 再论银道坐标系的定义，[陕西天文台台刊]，1990.

[22] Ancient Chinese astronomical observations related to the stellar background on the sky，[陕西天文台台刊]，1990.（吴守贤，刘次沅）

[23] 实际可见时间段方法的讨论，[陕西天文台台刊]，1991.

[24] An examination of the change in the Earth's rotation rate from ancient Chinese observations of lunar occultations of the planets，[AJ]，1992.（Hilton，Seidelmann，刘次沅）

[25] 对中国古代月掩犯资料的统计分析，[自然科学史研究]，1992.

［26］陕西关中古代天文遗存，［陕西天文台台刊］，1992.（刘次沅，张铭洽）

［27］由中国古代月掩犯记录得到的地球自转长期变化，［天文学报］，1993.（英文版：CAA，1993）（吴守贤，刘次沅）.

［28］The recent results on the secular variation of the earth's rotation，［陕西天文台台刊］，1994.

［29］南北朝以前陕西古代天文人物，［陕西天文台台刊］，1994.（刘次沅，窦忠）

［30］隋唐以来的陕西古代天文人物，［陕西天文台台刊］，1995.（刘次沅，窦忠）

［31］陕西古代天文，［陕西古代科学技术］，中国科学技术出版社 1995.（吴守贤，刘次沅，张铭洽）

［32］史记历术甲子篇探讨，［天文学报］，1996.

［33］隋书天文志天象记录选注，［陕西天文台台刊］，1996.

［34］Some results got from 800 lunar records in Yuanshi，［Oriental Astronomy from Guo Shoujing to King Sejong］，1997.（刘次沅，Stephenson）

［35］西安碑林的唐月令刻石及其天象记录，［中国科技史料］，1997.

［36］史记甲子篇历谱及其与太初历的比较，［陕西天文台台刊］，1997.

［37］明代日食记录研究，［自然科学史研究］，1998.（刘次沅，庄威凤）

［38］明代大食分日食记录考证，［陕西天文台台刊］，1998.（刘次沅，窦忠，庄威凤）

［39］天光视亮度的表述方法，［陕西天文台台刊］，1998.

［40］崇祯实录和长编中的天文资料，［陕西天文台台刊］，

1998.（刘次沅，刘瑞）

［41］带食而出的天光变化，［天文学报］，1998.（英文版CAA，1999）（刘次沅，周晓陆）

［42］“懿王元年天再旦于郑”考证，［自然科学史研究］，1999.（刘次沅，周晓陆）

［43］1997年3月9日日食新疆北部天光观测报告，［日全食与近地环境］，科学出版社1999.（刘次沅，周晓陆）

［44］“天再旦”研究，［中国科学A］，1999.（英文版［Science in China A］，1999）（刘次沅，李建科，周晓陆）.

［45］武成历日解析，［自然科学史研究］，1999.

［46］武王伐纣相关文献再检讨，［南京大学学报］，2000.（周晓陆，刘次沅）

［47］Is atomic second too short，［Astronomy and Astrophysics］，2001.

［48］武王伐纣天象解析，［中国科学A］，2001.（英文版［Science in China A］，2001）（刘次沅，周晓陆）

［49］夏商周断代工程及其天文学问题，［天文学进展］，2001.

［50］三苗日食的可能年代，［陕西天文台台刊］，2001.

［51］周初历法问题两议，［陕西天文台台刊］，2001.

［52］Astronomy in the Xia – Shang – Zhou chronology project，［JAH2］，2002.

［53］An ancient solar eclipse record – Tiandayi in the 10th century BC，［ChJAA］，2002.

［54］天再旦日食的根据与计算，［陕西天文台台刊］，2002.

［55］诗经日食及其天文环境，［陕西天文台台刊］，2002.

［56］Analisis of dates and lunar phase records in Wucheng,

[JAH2], 2002.

[57] 中国早期日食记录的研究进展，[天文学进展], 2003.

[58] Examination of early Chinese records of solar eclipses, [JAH2], 2003.（刘次沅，刘学顺，马莉萍）

[59] 夏商周断代工程中的几个天文学问题，[广西民族学院学报], 2004.（刘次沅，马莉萍）

[60] Solar eclipse records in the archives of the Ming dynasty, [Astronomical Instruments and Archives from the Asia - Pacific Region], 2004.

[61] The Regular Records of Solar Eclipse in Ancient China and a Computer Readable Table, [Archives for History of Exact Science], 2005.

[62] Historical records of solar eclipse in China, 国际科学史学会22届大会, 2005.（刘次沅，宁晓玉）

[63] A Chinese observatory site of 4000 years ago, [JAH2], 2005.（刘次沅，刘学顺，马莉萍）

[64] 天大曀记录的天文年代分析，[时间频率学报], 2005.

[65] 适用于古天文研究的计算机软件，[时间频率学报], 2006.（宁晓玉，刘次沅）

[66] Mathematic Method of Shiji Jia - zi Pian, [Frontiers of Oriental Astronomy], 中国科技出版社, 2006.

[67] 睡虎地秦简日书玄戈篇新探，[秦文化论丛] 13辑(2006).（刘次沅，马莉萍）

[68] 中国历史日食典的编算方法与特点，[广西民族大学学报], 2006.（刘次沅，马莉萍）

[69] 中国古代常规日食记录的整理分析，[时间频率学报], 2006.

[70] 新发现的秘鲁古观象台及其与陶寺观象台遗址的比较，[古代文明研究通讯]，No. 34，2007.

[71] 朱文鑫历代日食考研究，[时间频率学报]，2008.（刘次沅，马莉萍）

[72] 陶寺观象台遗址的天文功能与年代，[中国科学 G]，2008.（英文版 [Science in China G]，2009）（武家璧，陈美东，刘次沅〔通讯作者〕）

[73] 古代荧惑守心记录再探，[自然科学史研究]，2008.（刘次沅，吴立旻）

[74] 陶寺观象台遗址的天文学分析，[天文学报]，2009.

[75] 魏晋天象记录校勘，[中国科技史杂志]，2009.

[76] 二百二十四颗恒星的古今星名与位置. [中国天文学史大系—中国古代天体测量及天文仪器]. 中国科学技术出版社，2009.

[77] 中国古代日月食及月五星位置记录的研究与应用. [中国天文学史大系—中国古代天象记录的研究与应用]. 中国科学技术出版社，2009.

[78] 中西历化算程序说明. [修订简报]，第 32 期（2009）.

[79] 旧唐书德宗本纪贞元四年的月份问题. [修订简报]，第 37 期（2009）.

[80] 历代帝纪天象记录摘注——史记至北史. [修订简报]，第 43 期（2010）.

[81] “二十四史”及《清史稿》天象记录的校勘及其在修订工程中应用的建议. [修订简报]，第 44 期（2010）.

[82] 历代帝纪天象记录摘注——隋书至宋史. [修订简报]，第 44 期（2010）.

[83] 历代帝纪天象记录摘注——辽史金史元史. [修订简

报]，第45期（2010）.

[84] 二十五史点校本修订工程与历代天象记录的全面检校.［中国科技史杂志］，2010.（刘次沅，马莉萍）

[85] 北魏太安至皇兴时期天象记录的年代问题.［自然科学史研究］，2011.

[86] 二十四史天象记录与陈垣历表的朔闰差异.［时间频率学报］，2012.

[87] 宋史天文志天象记录统计分析.［自然科学史研究］，2012.

[88] 金史元史天象记录统计分析.［时间频率学报］，2012.

[89] 明代月食记录研究.［咸阳师范学院学报］，2012.（刘次沅，马莉萍）

[90] 隋唐五代日月食记录.［时间频率学报］，2013.（刘次沅，马莉萍）

[91] 隋唐五代天象记录统计分析.［时间频率学报］，2013.

[92] 南北朝日月食记录.［西北大学学报］，2013.（刘次沅，马莉萍）

[93] 南北朝天象记录统计分析.［西北大学学报］，2013.（刘次沅，马莉萍）

[94] 中国古代天象记录校勘举隅.［文史］，2014.

[95] A Thorough Collation of Astronomical Records in the Twenty－five Histories，［Astrophysics and Space Science Proceedings］Vol. 43，2014.（刘次沅，刘学顺）

[96] 春秋至两晋日食记录统计分析.［时间频率学报］，2015.（刘次沅，马莉萍）

[97] 两汉魏晋天象记录统计分析.［时间频率学报］，2015.

[98] 二申野录的天象记录.［咸阳师范学院学报］，2017.

(刘次沅，马莉萍)

[99] 明实录天象记录的统计分析. [天文学报]，2018.（刘次沅，马莉萍）

刊名缩写：CAA - Chinese Astronomy and Astrophysics. AJ - Astronomical Journal. JAH2 - Journal for Astronomical History and Heritage. ChJAA - Chinese Journal for Astronomy and Astrophysics. 修订简报——点校本二十四史及清史稿修订工程简报。

日食壮观

日食——原理与现象

1. 日食

晴空中的太阳正在被月亮圆圆的黑影侵蚀，日食发生了。早已得到消息的人们拿出黑胶片或熏黑的玻璃，观察着，议论着。黑影逐渐变大，然后又逐渐退出，日食结束，一切复原。

日偏食并不罕见。地球上平均每百年发生240次日食，在很大的范围内都可以看到偏食现象。对于地球上的任一地点，平均3年左右就能见到一次。

日全食才是真正的奇观。月亮的黑影越来越大，太阳只剩下蛾眉似的弯钩。天空迅速变暗，气温明显下降。由于太阳对地面各处辐射加热程度的变化，有时会刮起一阵阴风。飞鸟、家禽和家畜面临突然到来的黄昏，会不安地返回巢舍。“蛾眉日”越来越细，终于完全消失。在最后一刹那，“黑太阳”的边缘出现一串光亮的颗粒，称为“贝利珠”。这是因为月亮边缘有高低不平的环形山，最后几缕阳光留在山谷低处，在黑暗的背景上闪亮如珠。突然降临的黑暗恍若深夜，星斗灿然出现。由于全食区范围有限，远处天边还留着一带霞光。月影周围显出平时看不到的日冕，它苍白的辉光向外逐渐减弱，这是太阳的高层大气。日全食只能持续几分钟（最多7分半），接着是另一边的贝利珠，然后是蛾眉日。月影逐渐退出太阳，天空快速转亮，人们仿佛从梦境中走出。

日全食是很罕见的现象。对于地球上某一固定地点，平均大约300年才能见到一回。但是对于整个地球，每世纪平均发生

60 余次。月球的影锥尖以每秒 1 千米的速度自西向东从地面上掠过（由于地球自转，地面各处的相对速度不一），地球上只有窄窄的一条带上的地方才能看到全食。因此，热情的天文发烧友们不远万里来到预计发生全食的地点，以一睹这旷世美景为乐。有时，旅游公司会包租豪华游轮，载着一船“追星族”到海上去跟踪月影，来一次浪漫的日食游。日全食对于天文学研究有不可替代的重要意义，因此几百年来，天文学家几乎不放过任何一次日全食，有时甚至包乘飞机在天空追赶月影，以延长全食的时间，获取更好的观测资料。

当月亮离地球稍远的时候发生日食，较小的月面不能将日面全部挡住，这时就发生日环食。这时太阳像一个闪亮的金环挂在天空，神奇的情景令人惊叹。有时，日食带上的一部分发生全食，另一部分发生环食，这样的日食称为全环食。

2．日食原理

在地球绕太阳公转和月亮绕地球公转的过程中，当月亮运行到太阳和地球之间时，如果三者排成一条直线，在地球上的一部分地方就会看到月亮挡住太阳，发生日食。因此，日食只会在阴历朔日（初一）发生（每逢初一，日、月、地大致排成一线）。

月亮在太阳的照射下，在背光的一面产生影子，如图 1 所示。图中 A 称为月亮的本影，B 称为半影，C 称为伪本影。显然，观察者位于 A 处看到日全食，B 处看到日偏食，C 处看到日环食。一个有趣的事实是，尽管太阳直径是月亮的 400 倍，比月亮大得多，但它与地球的距离恰恰也是月地距离的 400 倍，比月亮远得多。这样，从地球上看来，太阳和月亮的圆面几乎一样大。由于地球和月球的公转轨道都是椭圆，日地、月地距离不断变化着，因此从地球上看来，日面、月面直径都有微小的变化。日面直径从 31′28″ 到 32′32″，月面直径从 29′22″到 33′26″。在这种情况下，不难想象，日食发生时，地球处于图中本影锥尖（即 A 区和 C 区的交界点）附近（当然，随着地、月的运动，B 区还要扫过地球）。全食时，观察者位于锥尖左边一点，月面略大于日面；环食时，观察者位于锥尖右边一点，日面略大于月面。当地球特别接近本影锥尖时，它的一部分落入本影，见到全食；另一部分落入伪本影，见到环食。全食、环食和全环食统称为中心食。

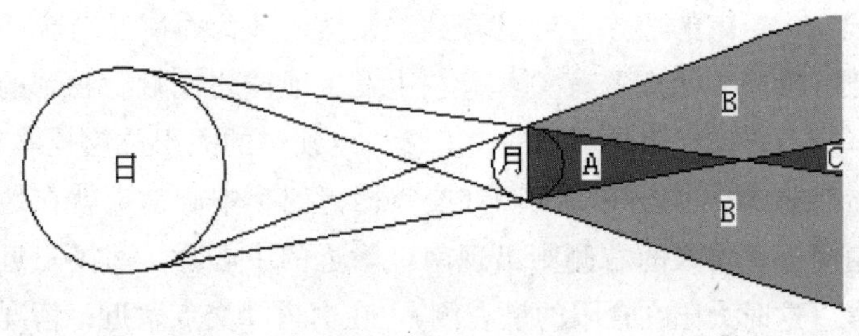

图 1　月影与日食

本影锥落到地面上最大直径可达 270 千米，这是全食带的宽度上限。当然，月影会倾斜地投在地面上，造成更宽的食带，尤其是高纬度地区。

地球公转轨道（黄道）和月亮公转轨道（白道）并不在同一个平面上，而是有 5°的倾角，因此并不是每个朔日都发生日食。在地球上看来，太阳在黄道上由西向东运行，每年一周；月亮在白道上同方向运行，每月一周（恒星月 27.32 天）。月亮每月（朔望月 29.53 天）都会赶上太阳一次（合朔）。只有当太阳在黄白两道的交点（升交点或降交点）前后 18°以内被月亮赶上，日食才可能发生（在前后 15°以内必定发生）。这个范围称为食限，如图 2 所示。

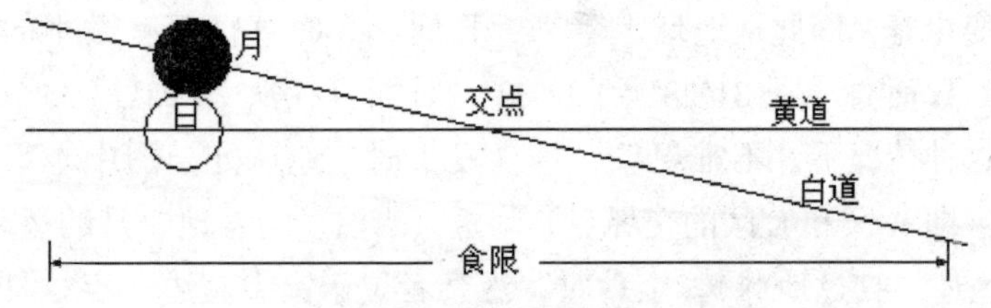

图 2　日月在黄白交点附近的视运动

图 2 是白道升交点的情形。图的左侧显示月面和日面刚好相切，看不到日食，这是地心的情景。显然，在地心以北，是可以看到日食的。合朔时太阳若在右侧一点，地心就可以看到；再向右，更南的地方也可以看到。显然，日食的情况与合朔时太阳在食限中的位置有关。最左边发生地球北极附近看到的偏食，靠右是北极附近看到的中心食，合朔时的太阳位置越靠右，食带越靠南。当合朔时太阳在交点附近时，中心食带就在地球赤道附近。食限的右侧则出现南极附近的中心食，南极附近的偏食（这时太阳在食限的最右侧）。在白道降交点附近，情况刚好相反；从左到右，先后是南极偏食、南极中心食、赤道中心食、北极中心食和北极偏食。

太阳从西向东经过这段食限大约需要 36 天，比朔望月长一些，所以这段时间内最少发生一次日食，最多发生两次。这段时间称为一个“食季”。半年之后，太阳到达另一个交点附近，又发生另一个食季。由于黄白道交点在黄道上缓慢移动，太阳两次通过同一交点的时间间隔，即一个“交点年”，为 346.62 天，比回归年（365.25 天）稍短。一个回归年最少有两个食季，每个食季最少发生一次日食，因此每年最少有两次日食。由于交点年比回归年短 19 天，一年中最多可以有 2.5 个食季，发生 5 次日食。实际上平均每年发生日食 2.4 次。连着两个月发生日食，必然是两个日偏食，一个在地球北极，一个在地球南极。

这一点，通过图 2 不难理解。因此，在地球上任一地点，都不可能连续两个月看到日食。下表给出一个一年五食的例子（据 Espenak），它包含两对“彼月而食”。表中 gamma 表示月影锥轴到地心的最近距离，详见后文。纬度、经度指食分最大的地点。最右一列对于偏食表示食分，对于全（环）食表示延续时间（分：秒）。两对“彼月而食”显示出上面指出的特征。

1805 年发生的 5 次日食

日　期	时刻	类型	gamma	纬度	经度	食分/食延
1805 年 1 月 1 日	1:15	偏食	-1.53	-65	42	0.06
1805 年 1 月 30 日	18:57	偏食	1.46	63	153	0.17
1805 年 6 月 26 日	23:27	偏食	1.05	65	10	0.94
1805 年 7 月 26 日	6:14	偏食	-1.46	-63	-43	0.14
1805 年 12 月 21 日	0:17	环食	-0.88	-83	144	6:27

食分用来表述太阳被食的多少，它等于太阳视直径上被食部分与整个太阳视直径之比。按照这一定义，日全食的食分总是 1.00。但是各次日全食时月、日直径之比不同，日全食延续时间也因此而不同，为了显示这一差异，食分的概念也被延伸至全食。日环食的最小食分可以小到 0.90，日全食的最大食分可以大到 1.04。（按另一种定义，一次日全食的最大食分为月、日直径之比。两种定义有细微的差异，后者最大食分可达 1.08。）

在不同的场合，食分一词有不同的含义。通常论及一次日食时，它表示全球范围内所能看到的最大食分。在谈到某地见食情况时，它表示该地食甚时的食分。此外，它也可以表示某地随时间而变化的日食情况。

日全食有 5 个特征时刻。当月面从西边赶上日面，两个圆面初次外切时，称为“初亏”，这时日食开始。月面与日面初次内切，称为“食既”，这时全食开始，太阳被全部遮挡。月面中心和日面中心最接近的时候，称为“食甚”，这时日食食分最大。月面与日面的另一边内切，称为“生光”，这时全食结束，太阳的一侧露出光芒。当月面向东边超过日面，两个圆面再次外切，称为“复圆”，这时日食结束，太阳恢复圆面。日环食时没有食既和生光，相应地有“环食始”和“环食终”。日偏食时没有食既和生光，只有初亏、食甚和复圆。

随着日月圆面大小的不同和地面见食点的不同，日食过程的长短也是不同的。在月亮视直径最大，太阳视直径最小时，可以看到最长的日全食长达7分多钟；而相反情况下，日环食最长达12分钟。日食的全过程，通常从初亏到复圆需要4小时左右（环食长一些，全食短一些）。只能见到偏食的地点，则随着食分的减小，日食过程也相应缩短。

表现日食状况的参数还有方位角，它是初亏或复圆时日月圆面相切点相对于日面中心的方位。方位角有两种定义，一种是从日面正北点起向西计算，一种是从日面顶点（天顶方向）起向西计算。此外，各个特征时刻的太阳地平高度和方位也是表征日食的有用参数。

据Espenak的6000年日食表的计算和统计，全球总共发生日食14 263次，平均每世纪发生日食238次。其中日全食3797次，占26.6%；日环食4699次，占32.9%；全环食738次，占5.2%；日偏食5029次，占35.3%。

据《中国历史日食典》日食表（第1套参数）对西安、北京、南京三地的计算和统计，对于某一地点而言，平均每2.56年发生一次日食，每230年发生一次日全食。

3. 日食计算与表达

日食计算通常分两步走。首先计算出该次日食的日食根数

(日食根数、日食概况和贝塞尔根数)，它们对于该次日食是全球通用的。其次根据地方经纬度和高度，利用根数计算具体地点的见食情况。日食根数的内容、名称和符号在不同的书中会有些差异，下面以《中国天文年历》所载为例说明。

“日食根数”包括太阳和月亮赤经相合的时间，相合时太阳和月亮的赤经、赤纬和视半径。“日食概况”包括日食起止时刻和相应地点的经纬度：偏食始（月亮半影锥与地球初次相切，即地球上最先看到偏食的地点和时刻)、中心食始（月亮本影锥或伪本影锥与地球初次相切，即地球上最先看到全食或环食的地点和时刻)、地方视午的中心食（日月赤经相合的时刻及当时影锥轴在地面的投影点，该点在太阳中天时食甚)、中心食终、偏食终。偏食的“日食概况”给出偏食始、食甚、偏食终的时间和见食点经纬度，以及最大食分。下表给出《2002 年中国天文年历》[①] 2002 年 6 月 10 日 ~ 11 日日环食的“日食概况”，可与下面图 4 对照。

2002 年 6 月 10 日 ~ 11 日日环食日食概况

	时　刻	见食点纬度	见食点经度
偏食始	10 日 20:52.9	- 2°30′	+ 137°42′
环食始	21:55.6	+ 1°20′	+ 120°24′
地方视午的环食	23:49.3	+ 34°56′	- 177°28′
环食终	11 日 01:35.1	+ 19°48′	- 105°05′
偏食终	02:37.7	+ 16°01′	- 122°32′

“贝塞尔根数”供计算地面各点日食情况用。首先建立一个

① 中国科学院紫金山天文台：《2002 年中国天文年历》，科学出版社，2001 年，第 461 页。

空间直角坐标系：假设一个平面通过地心并与月亮影锥轴（即日月中心的连线）垂直，称为基本面。以地心为原点，基本面和地球赤道面的交线为X轴，地球赤道半径为单位。

x，y是月影锥轴和基本面交点的坐标。d，μ表达Z轴相对于赤道面和子午圈的方向。u_1，u_2是半影锥和本影锥在基本面上的半径。f_1，f_2是半影锥和本影锥的半顶角。

贝塞尔根数表列出x，y，sind，cosd，μ，u_1，u_2每10分钟一组数值和x，y，μ的变量（以便内差求得任意时刻的数值）。f_1，f_2则作为常量给出。

此外，月影锥轴到地心的最近距离（常写作gamma或γ，以地球赤道半径为单位）是表征日食情况最基本的参数之一，也常在日食计算中给出。

《中国天文年历》末尾的说明中给出了由贝塞尔根数求算具体地点日食情况的计算方法和算例。日食计算有关问题的详细说明，见美英天文年历的补编说明①，中文则可参考唐汉良等人的专著②。

天文年历通常还给出中心食路线表，表中列出食带南、北线和中心线的一系列地理坐标，以及对应的太阳地平高度和中心食延续时间。读者可以将日食带描画在地图上。

对于我国可见的日食，《中国天文年历》会给出“中国见食情况表”，列出各省会城市及见全食城市的初亏时刻/方位、食甚时刻/食分、复圆时刻/方位等要素。

最能够全面而明确地表达全球各地日食情况的，当属天文

---

① Seidelmann P K, Explanatory Supplement to the Astronomical Almanac (University Science Books, 1992).

② 唐汉良、佘宗宽、沈昌钧：《日月食计算》，江苏科技出版社，1980年。

年历所刊载的日食图。在地、月的公转运动中，月影高速扫过地球表面，总共历时 5 个多小时（偏食会短一些）。从月球上看，地球上的日食图应该如图 3 那样简单地出现在面向月亮的半个地球上。日食北界、中心食带和日食南界呈现为 3 条等距离的平行线。

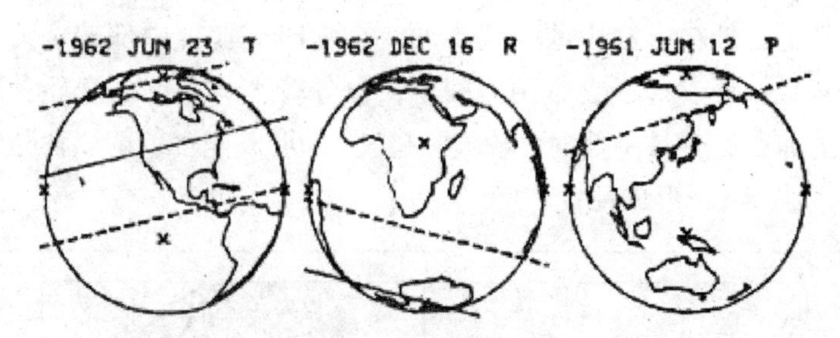

图 3　Mucke – Meeus 日食典的图，分别为全食、环食和偏食

由日、月半径和日、月平均距离以及地球半径不难算出，在基本面上半影的平均宽度为地球半径的 0.55 倍。也就是说，这 3 条平行线两两之间的距离为 0.55（地球半径为单位）。

中心食带与地球中心的距离就是 gamma。当 gamma 在 ± 1 之间时，中心食带穿过地球，全（环）食发生；当 gamma 在 1 ~ 1.55 之间或 – 1 ~ – 1.55 之间时，南界或北界穿过地球，偏食发生。

实际上，在月影扫过地球的几个小时内，地球本身也在同方向自转。因此，日食区并不能扫过整个半球，而是要短一些。再将月球视图展开成通常的地图，日食图就显示出相当复杂的形态。图 4 是 2002 年 6 月 10 日 ~ 11 日全食的日食图（据《2002 年中国天文年历》改画），我们以此为例说明日食图的内容和功能。

月亮本影锥由西向东扫过地球表面，形成环食带。图 4 上环食带自印度尼西亚苏拉威西岛北端开始，经过太平洋到墨西哥西海岸结束。在它的西端点，日出时环食恰好发生，随后渐渐复圆。在它的东端点，日落前食分逐渐增大，在日落时达到环食。环食带南、北线和其中间的区域，食分全都相同。在全食的情况下，全食带的南线和北线上，食分恰等于1；两线中间，食分大于1。相对于基本面，地球表面是凸起的球面，因此食带上各处在影锥中的位置不同。全食时，食带中部较宽，食分较大；环食时，食带两侧较宽，食分较小。这也是全环食形成的原因：食带中部食分较大，超过1，形成全食；两侧食分较小，小于1，形成环食。

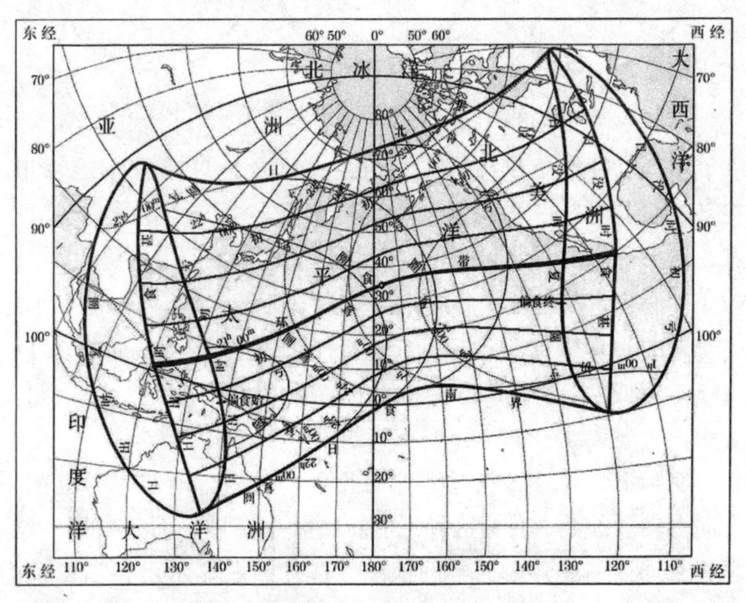

图4　2002年6月10日～11日日环食

环食带两侧，有日食南界线和北界线。在这两个界线上看，月亮恰好从太阳的边上擦过，不相遮掩。从日食南界线向北，食分逐渐增大（从北界线向南亦然）。其间有平行的等食分线。例如图4上画有0.25，0.50，0.75三条等食分线（此外，全食带南北线和日食南北界线也可以分别看作 1.0 和 0.0 等食分线)。在这些线上的各处，食甚时的食分相等。由这些等食分线，不难估计出地图上各地的大致食分。在环食带的中心，有如“日食概况表”所列出的“地方视午环食点”(小圆圈表示)，这一点也常被称作环（全）食带的中心点。

日食图的西边（左边）有 3 条日出线：最左边是“日出时复圆”，线上各点日出时日食正好结束，恰好看不到日食；中间“日出时食甚”，线上各点在日出时正好食甚（显然，线上各点的食分是不同的，但都能看到从食甚到复圆的半个日食过程)；右侧“日出时初亏”，线上各点在日出时恰好看到日食开始（由此向右，各点都可以看到日食的整个过程)。日食图东边（右边）的 3 条日没线（日没时复圆，日没时食甚，日没时初亏)，情况正好对应，不再赘述。

图上细实线画出初亏等时线（21：00，22：00，23：00，24：00，1：00 五条)，线上各点同时开始日食；细虚线画出复圆等时线（22：00，23：00,24：00，1：00，2：00 五条)，线上各点同时结束日食。可以看出，初亏等时线由“偏食始”点发端，复圆等时线到“偏食终”点结束。可以由这些等时线估计出地图上各地初亏、复圆的大致时刻。此外，不难想象，还可以在图上画出食甚的等时线，借以估计各地食甚的大致时间。

如果图 4 那样的日食图向北移动，显然，日食北界线会越来越短，直至消失，两侧的日出日没线在北端相交。再向北移，环（全）食带也会越来越短，直至消失，这就成为日偏食。向南则经历相反的过程。

原载于《中国历史日食典》，世界图书出版公司，2006 年，第 2 章

独具特色的西安日全食

三百六十年等一回

自幼爱上天文，几十年前就瞄上了 2008 年 8 月 1 日的日全食。整个 20 世纪，陕西省境内只发生过一次日全食，那是 1941 年 9 月 21 日，汉中—安康看到的一次。至于西安市，可就要追溯到清初的顺治五年了。西安上次日全食发生在 1648 年，这句话到了媒体口中，就成了“360 年等一回”。虽不严谨，倒是具有很大的煽动性。

这次日食，全食带的边缘正好扫过西安市中心，对于一个人口众多的大城市，这可是进行天文科普的大好时机！日食前半个月，我们准备好宣传材料，通知了媒体。经过本地报纸、电视台、广播电台和网络的强力宣传，不几天就已经是家喻户晓。

万事俱备，只看老天爷的脸了。根据气候图知道西安的云遮率竟有 50%，我心里一直忐忑不安。虽然我们宣传，即使天阴，也会出现“天再昏”的奇异现象，但毕竟亲眼看见“黑太阳”更加吸引人。7 月 30 日、31 日，连阴了两天。8 月 1 日上午仍然阴沉。下午 5 点 ~ 6 点，陕西境内的全食区先后逐渐放晴，而且是本地难得一见的透明度很好的晴天。晚上 12 点，天又全阴了，接着又是两个阴天。前后 5 天总共开了 6 小时的窗口，难道不是天意！

两千万人齐欢呼

这次日食的全食带在我国境内虽然很长，但大多是在人烟稀少的戈壁沙漠。唯独全食带末端，深入到人口稠密的陕西关中地区。西安市有830万人口，加上全食带里的渭南、咸阳等地，共有2000万人口。拜现代强力媒体所赐，时间合适，天气又好，西安市可以说是倾城而出。由于城北能看到全食，大量的车流涌向北方，一时造成交通堵塞。全食食既和生光的刹那，满城的人齐声欢呼，场面轰动。笔者事后所作随意访查，极少有人当时没有注意观察的。

我们在宣传中提到，医院的X光片适合观看日食。结果，许多人手里拿着X光片，成了西安街头一景。有人当场将大张片子割成小块，分给素不相识的人，大家一起分享天空奇景带来的快乐。

网友广隶摄于西安西环城公园

丰富多彩的地景照

7月底，天文学家和资深天文爱好者纷纷赶往新疆和甘肃，准备日食观测。陕西显然不受青睐：全食时太阳太低（只有4°），大气扰动会导致成像不良，天边的云层也会比较多。同时西安的气候记录也不好。然而，太阳低也有它的好处：有利于搭配地面景物，照出丰富多彩的艺术照。这一点，我们在宣传中特别指出，同时介绍了日食摄影的一些要点。

下午7点20分，西安食甚。到7点30分，华商网的“全民乱拍”栏目就开始贴上了日食照片。两三天时间，这个栏目的日食照片帖，就有了140个。最精彩的当然是黑太阳下的风景：街道、楼群、厂房、塔吊、古建筑、兴奋的人群、带金边的云彩、层层叠叠的山峦。偏食过程的照片也有引人入胜的风景。另外还有不少照片记录下人们观看日食的热闹场面，甚至还有一条小狗趴在楼顶平台的矮墙上，随着人们引颈观望。

下面这张照片记录了黑太阳下的城市街道：面对突然而至的黑暗，街上的汽车大灯通明，街道两旁的路灯却还没有反应，诡异而极富情趣。

李杰摄于西安古城墙北门

红日冕和贝利珠

这次日食，在西安看到的日冕竟然是橘红色！尽管道理十分简单（由于大气吸收，太阳在接近地平线时呈红色），毕竟有些喜出望外，因为书上都是说日冕是“苍白色的”啊。当贝利珠退去，食既来临，桔红色的日冕突然呈现眼前，令人感到神秘而温馨。

康健摄于西安北郊汉阳陵

西安日食的另一个特点是贝利珠。由于西安市中心正好位于全食带的边线上，在西安市相距不远的不同位置上，所见的日食情况大为不同：北郊能看到几十秒全食，南郊就只能看到“钻戒”。位于全食带边缘看到的贝利珠形象丰富，延续时间长，这可是中心线上没有的！这一点，笔者也是事后才突然醒悟（笔者在中心线上几乎没看到分离的贝利珠，录像上也看不出）。

下图是一位游客在全食带南边缘拍摄的一组照片。原照贝利珠阶段（以日面边缘线断裂为准）共40张，这里选用其中11张做成拼图，按时间顺序排列，分别是北京时间19点（分:秒）20:10、20:16、20:21、20:23、20:24、20:32、20:37、20:48、20:52、20:59、21:03（相机时间，未经精确校对，但相对时间应该没有问题）。这组照片至少显示了十几处月亮边缘的山峰。大幅度的减档曝光也使得贝利珠更加明显，对于研究月亮运动无疑是有价值的。

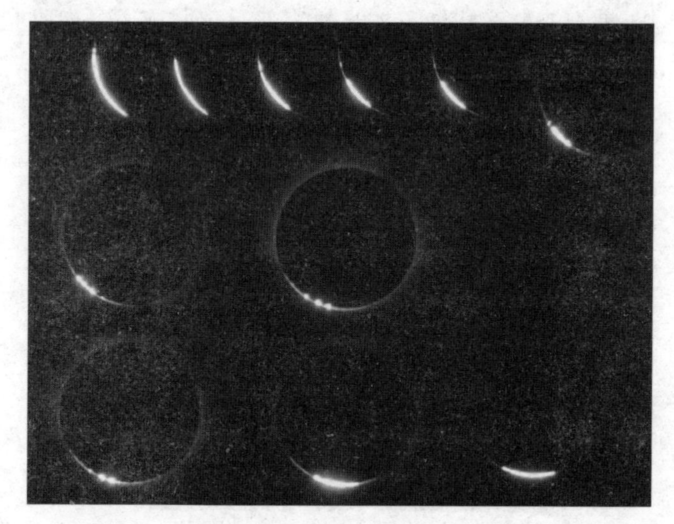

网友扬子居摄于西安大南门城楼上

授时中心在行动

中科院国家授时中心虽然不直接进行日食方面的专业研究，但毕竟许多人是学天文出身，日食的原理，黑太阳的奇景，早已熟稔于心，却没有亲身经历过。期待之情，自不必言说。中心除了在日食之前倾力进行了科普宣传外，还在日食当时组织了三项行动。其一，在骊山之巅的天文观测站通过西安电视台进行电视直播。骊山兀立于关中平原边缘，西北方向的视野极为开阔。日全食可见约50秒，整个日食过程天气优良，效果非常好。神奇的天象和天文学家的精彩讲解，吸引了现场和电视机前的大量观众。事后的多次重播，使西安市民重温这一亲身经历的奇遇。其二，大队人马奔赴位于蒲城的授时部进行观测，这里距离全食中心线只有10千米，按照计算，有95秒的全食。其三，授时中心和中科院网络中心在本部联合进行了为时100分钟的网络直播。授时中心两位天文学家进行了全程讲解。本次网络直播是由“时间网”与“中国科普博览”联合举办，还通过新浪网、北京快网、青岛传媒网等进行了同步转播，尽管中国科技网事先已经做好了技术准备，但直播一开始点击量超乎想象的巨大，一度出现拥塞，在技术人员及时采取措施后，问题迅速得到解决，直播带宽从500M放大到1G，据统计，同时在线人数最高达到7万人。本次网络直播十分成功，日食期间西安恰好在日落方向云开雾散，日全食全过程十分完整，不仅看到了贝利珠和钻戒，由于西安在此次全食带上的特殊位置，还完美地展现了“天再昏”场景和美妙绝伦的带食而落的罕见景象，网友的惊叹赞美之辞不断。

笔者过去从未看过日全食，下决心什么任务也不领，专门享受这次视觉盛宴，因此随大队去了蒲城。观测场地就设在长波授时台的院里，视野开阔，天气晴朗，心旷神怡。初亏如期来临，炽热的太阳一步步亏蚀，弯月、峨眉、剪下的指甲，直至指甲越来越短……钻戒突现（我好像真的没看到分裂开的贝利珠），接着就是黑太阳。看看太阳旁边的水星和金星，又特地回头看看东南天边的木星，手忙脚乱地操作摄像机和照相机，转眼间随着众人齐声呐喊，钻戒又出现了！同事们面面相觑：不到1分钟吧？（事后检查录像和照片，还真有95秒）。事先想好的许多事，当时全都忘了（例如用双筒镜观看日珥、照相机缩短焦距拍摄地景、注意观察四周天边亮度的变化、看看究竟能看到哪些恒星）。明年再说吧！

发表于《天文爱好者》2008－11，46页～47页，图文略有调整

一次天再昏，一次天大噎

天再昏——2008 年 8 月 1 日

题记：《竹书纪年》记“懿王元年天再旦于郑”，被认为是一次日出时发生的日全食。“夏商周断代工程”中，我负责此专题，通过理论和实测得出西周懿王元年是公元前 899 年，为“工程”结论采用，当时宣传甚广。同理，日落时的日全食，可以称作“天再昏”了。

早就期待着 2008 年 8 月 1 日的西安日全食。1987 年认识 NASA 的彭飚钧后，他就说 2008 年要来华县看“天再昏”。这次全食带经过新疆北端，沿河西走廊以北，过关中大部，入河南而终。天文界的目光全都指向新疆、甘肃。陕西因为食甚时太阳太低（4°）和气候记录不良（云遮率 50%左右）而无人问津。我想，这么好的机会，一定要鼓吹一下。于是 7 月初写了一个 2000 字短文（后来又追加一个摄影指导），给领导吹吹风。7 月 16 日，《华商报》、西安电视台来采访，次日见报，于是在西安掀起浪潮。这么几个创意流传甚广：360 年方得一见，X 光片可用观看，西安西门—南门一线以北可见全食，张家堡—草滩最佳，陕西太阳低特别适合艺术照相，阴天仍可见天再昏。

台里计划了三摊儿：与院网络中心联合做网上直播。这是窦忠早已计划的，买了一个 Mead 10 英寸望远镜，还策划制作了大批观测卡（简易墨镜）。西安电视台在山上搞电视直播，乔荣川负责。台里开一个大巴，去中心线观看（中心线 95 秒全食，临潼 50 秒）。我是准备好什么都不干，专门好好享受一个视觉盛宴。哭泉—罕井—韦庄一线在全食带中心，最后选定在二部的长波台，这里视野开阔，离计算的中心带只有10千米。

国家天文台的赵永恒来信，说他读了我的《从天再旦到武王伐纣》，很有兴趣，建议搞一个群众性的天再昏观测。我建议他搞，他还真的写了一个计划书，发在牧夫天文论坛。这促使我下决心去买了一个照度计。看来真的不错，当初搞天再旦的时候就应该用这个。

万事俱备，只欠东风。7天前的天气预报就说7月31日有雨，8月1日阴转多云。据说酒泉也不妙，只有哈密比较乐观。7月30日、31日连阴了两天，8月1日上午阴得严严实实，只偶尔露过一点点云缝。真是提心吊胆呀！

下午3：20出发，满满地坐了一车人，天气多云。一路上阳光越来越好，田野一片绿油油，赏心悦目。1个多小时后到达蒲城，已是“少云”了。更难得的是透明度特别好，天空像水洗的一样，很少见的。电话称临潼那边还是阴天，不免得意扬扬。此后天越来越好，全食前后竟是天空碧蓝，万里无云！

蒲城已经是20多年没来过了。城市的旧貌一点也看不出，只是路过的北塔还能唤起旧时记忆。二部的旧房拆了一些，新房也盖了一些，但总的说感到一丝凄凉。二部同人热情接待，吃了很甜的西瓜，到地下室发射机房参观一圈。这么大的工程，即将报废了。

架起摄像机、照相机和照度计。18：27，初亏如约而至。没准备滤光片，偏食阶段没照太阳。同车来的几十人，二部的人，另外还来了一批蒲城当地人士、《华商报》记者，大约百人，热热闹闹。事先已经计算好，西偏北20°方向远山高度1.5°，对于4°的食甚来说足够用的。

太阳剩下部分越来越小，像弯月、蛾眉、剪下的指甲。指甲越来越短，突然就变成了“钻戒”！没看清贝利珠有几个，就进入全食。太阳宁静年，日冕不大，是橘红色！真是震撼！调整了一次摄像机，按了10次照相快门。水星和金星明显，再看一眼东南方的木星。随着大家齐声欢呼，钻戒再次出现！全食结束。好像过得很快，没有预计的95秒？

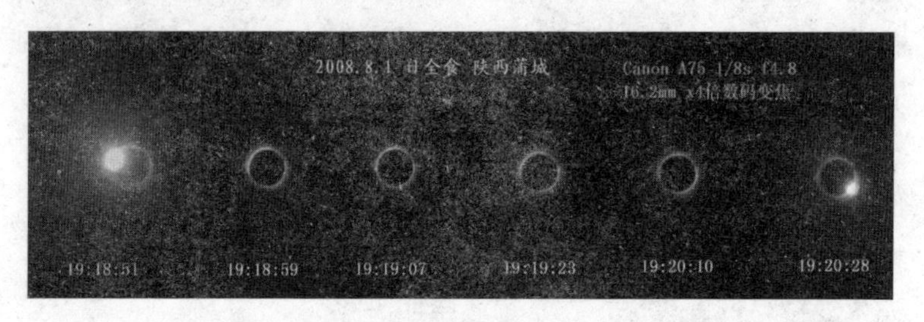

笔者摄于日食中心线。时间精确到秒。两次“钻戒”之间相距97秒。Canon A75相机，焦距16.2mm，光圈4.8，曝光1/8秒。

日落应在19:45，但19:30太阳就入了云。19:40大家上车，测光勉强搞到19:50。车开到县城，在“老蒙家”吃羊肉泡馍，味道真的不错。21:10开车，隔着车窗能看到天蝎座、人马座和银河，22:40到家。窦忠好兴奋，他的网上直播也非常成功！此时临潼的天也好了。

看看拍摄结果。摄像效果不错，只是事先位置没准备好，中间调整一次，晃动了10秒。照相两次钻戒都照到了（时间相差97秒），也还清晰。只是低档相机3倍光学加4倍数码，实际上效果还是不行。还是有些手忙脚乱，最该检讨的是带着双筒望远镜，却忘了在全食时观看日珥；照相机应该照几张中焦、短焦的风景，远山的景象应该是不错的。另外，看得还是不过瘾。也有意外之喜：日冕本是白色，但由于高度只有4°，竟成了橘红色！陕西特色！

上网看到华商网友已经贴了不少日食照片。兴奋到12点过，看看天，阴了。8月2日，全天阴天。瞧瞧，就给了6小时晴天（而且还是本地少有的好晴天），老天爷可真够意思！

又及。8月2日一位客人来访。他在大南门城楼上用长焦相机照的贝利珠不错。忽然领悟：在全食带边沿上，才有较长时间的贝利珠出现！

在华商网“全民乱拍”看到本地网友贴的日食照片，几天之间竟有140个帖，很有趣。下了一番功夫搜集，并找到一些作者要到原照，鼓动威信公司出了一集挂历。威信是一个中日合资的生产各种望远镜的企业，我给他们计算各种天象参数，供他们每年出版一份天文挂历，已有10年了。

天大曀——2009年7月22日

题记：《竹书纪年》有“昭王十九年，天大曀，雉兔皆震，丧六师于汉”。事件发生在昭王末年南征荆楚的过程中，地点应当在从周都到洞庭湖以南的某处。这与阴天发生的日全食现象十分相似。计算分析表明应在公元前976年。这与“夏商周断代工程”的周昭王年代相当契合。

无独有偶，今年7月22日又有日全食在中国发生，全食带顺长江而下，经过成都、重庆、武汉、合肥、杭州等大城市，经过人口稠密地区，堪称影响巨大。由天文界带头，这次日食的宣传工作声势浩大，以至于国务院都专门发了通知。若干城市被命名为“指定观测地”，鼓起当地政府的热情。全食时间长（最长达6分半），成了宣传噱头，号称500年一遇，21世纪最佳。中央电视台在成都、武汉、铜陵和杭州附近的天荒坪进行同步直播，5月27日在北台开会筹备，把我也叫去掺和了一把。

天文仪器厂在浙江海宁开一个天文仪器的会（此外天文馆去武汉，北台科普去铜陵，各天文台专业观测去安吉县天荒坪)，我打算就去凑这一拨儿。西安一个旅行社说有800位外宾，要我去做个报告。经过犹豫，最后决定和张季珍、马莉萍一起跟旅行社走，条件是事后管我们在杭州玩两天。这是英国旅行社 Wendy Wu Tours 的国内代理，30多个团7月21日分别来到杭州，举办4场1小时的报告，我在其中3场各讲15分钟（其他是3个英国天文学家)。22日早晨在海宁观潮公园聚齐，先看日食再看大潮。

7月12日去西北大学，给地质系和外院的学生讲课（这30多个学生分给每个团1个，充当天文学者，给陪团导游帮忙)，并和旅行社的人见面协商。回来就准备讲稿，内容是中国古代日食记录以及海宁的钱塘江大潮。

7月19日出发，乘1152次列车的软卧（软卧有空调，硬卧可热坏了)，20日到达杭州。午饭后入住百合花宾馆。下午3人就近到西湖曲院风荷公园游玩。西安已经够热，杭州更是预报29℃～39℃（据央视8月初报道称，杭州7月20日为39.7度，全国7月之最)。加之湿度大，真是前所未遇的热！

21日上午继续游西湖——孤山、断桥。中午即移师文华酒店，下午一场接一场，直搞到8点，直接赶到海宁入住海宁宾馆。

22日一大早赶到盐官镇观潮公园，来自英国和澳大利亚的旅游团鱼贯而至，果然热闹。天仪厂的会、天文界人士及当地官员在下游不太远的地方。钱塘江河道又宽，水量又大，非常壮观。前几天一直晴天，此时却阴了（预报说多云转雨)。忧心忡忡之下等到了8：22初亏，阴。周晓陆来电话说铜陵见太阳了。9点开始，时而隔着云层看到偏食的太阳，时而又下一阵雨。赶快拍几张照片。却发现加滤光片光线不足，不加滤光片又太强。快到全食的时候，阴得很重，完全没太阳，只见天色迅速转暗。9：35 食既，天全黑了。那感觉真的是奇妙：人群停止了喧嚣，天地一片黑暗，只见大河滚滚，稍远处的人群已经看不清了。天大噎想必就是这样的吧。5 分 53 秒的全食很快过去，天重又转亮。过了一阵，日牙又露出脸。此后 1 个小时，基本上都能透过云层看到太阳，直到 11 点整复圆。

不远万里来追日食的天文迷

接着等大潮，预报11:40。公园的工作人员说，昨天晚了 25 分钟，今天多半也要晚这么久。12:23,远远看到一条白线。白线渐渐接近，中间有的地方有间断。潮头大约有一两米高吧，像一堵白色的墙，速度似乎并不很快（大约 30km/h 吧），发出低沉的轰鸣，12:27 从脚下滚滚而过。潮头过后 10 分钟，只见岸边的潮水还在滚滚向上，江中间的水已经向下游流了。

接着是各团撤离，我们和若干团在皮革城对面的海州大饭店吃饭，然后专车送我们回杭州，住文华酒店。去邮局给纪念封盖戳，才得知杭州竟然看到全食！真想以头抢地!! 媒体报道，天荒坪、武汉、杭州、重庆有云但可见全食，成都、铜陵、上海全阴。这次折腾得最凶的就是铜陵，可惜天不遂人愿呀。

晚上去西湖边看夜景及商业街。23日来车和导游，游花港观鱼公园，并乘船转悠西湖一圈。再游六和塔，爬到塔顶一览风光。游飞来峰石刻和灵隐寺。丝绸展销大楼一游，看了时装表演。

24日凌晨暴雨。早上导游车送至西溪湿地公园告别。乘电动游船逐站游览。下着小雨，天气凉爽，游人不多。公园范围巨大，幽静野趣，风景很美。雨渐停。游丝绸城。

25日上午在附近市场逛逛，午前来车送站，乘1154次列车软卧离开杭州。次日到家。

又及。这次日全食，各地宣传力度很大，竟然惊动国务院专门发了通知。事后看到各地对日食的宣传，多提到“天再旦”的工作，甚至有列入日全食的三大科学贡献（《江南晚报》2009年7月19日：日全食曾助人类完成三大科学发现：发现氦元素、验证广义相对论、天再旦定懿王元年》）。苏定强院士发来他的演讲ppt，有我的整幅照片。

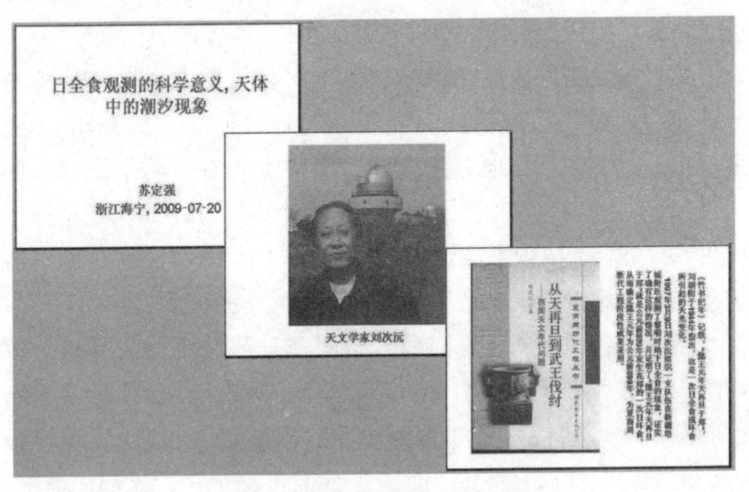

苏定强院士的日食科普报告截图

《天文爱好者》出了厚厚的一本增刊，我发了一篇《一种简单实用的天象计算方法——平面插值》。另一篇《连续三年我国可见的壮观日食》发表在《天文爱好者》2008 年第 5 期。中国集邮总公司出了一种邮折，其中一个纪念封，一枚 8 连票。连票采用 4 枚“太阳神鸟”普通邮票连 4 枚日食图边票。4 种日食图，其中一种是 2008 年西安日全食时网友康健拍的红日冕。国家天文台周志兴和我参与策划。

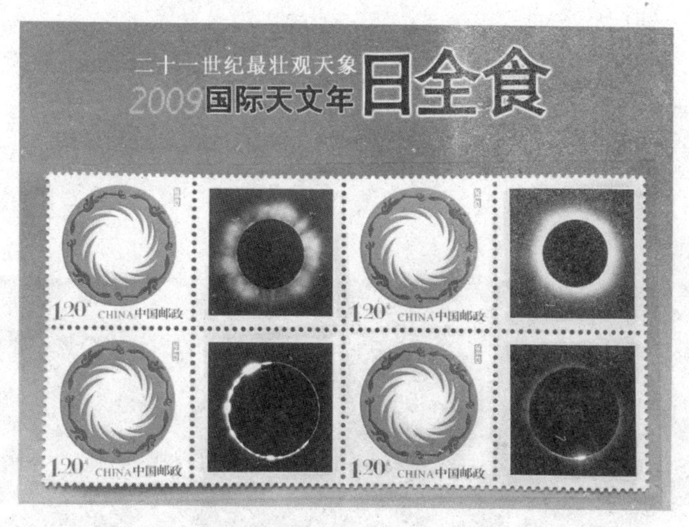

中国集邮总公司发行的日食个性邮票

附记：日食滚山坡——2010 年 1 月 15 日

连续三年的“日食群”真是热闹，今年 1 月 15 日日环食经过云南、重庆、河南、山东，又是一次天文节日！这次月日比特别小，只有 0.91，因此又成为卖点——千年一遇，持续时间最长的日环食！

这次没打算出门。把李志刚的尼康单反借来，配上我的

Vixen 60/910 望远镜准备拍照。前几天天气一直很好，但预报今天阴天转多云。结果今天全天晴，虽然能见度不是很好，但也没有云（昨天预报全国天气南方阴，河南山东晴，结果好像云南重庆晴了，河南山东倒是云很多）。下午 3 点过，把器材搬到科研楼顶。15：25 初亏，16：51 食甚，食分 0.87。虽说食分不是很大，但由于月亮本身很小，食甚时还是很好看的。最妙的是食甚后不久，太阳开始顺着骊山山坡滑落，持续的时间长达 25 分钟！

我对借来的照相机不熟悉，事先没有好好预演，结果发现清晰度很差，后来发现是由于滤光片不行。最后太阳滚山坡时摘掉滤光片，效果就很好。太阳从树林和缆车道上过。小相机本打算照中景，却忘了减档曝光，照出食分 0.87 的太阳竟是圆的。

日食过程拼图

带食的落日勾勒出骊山的侧影

写给自己的回忆录：2008－2009－2010

中国古代日食记录

在中国古代的各种天象记录中，日食记录占有特殊的位置，记录最为完备。这不仅因为日食（尤其是日全食）的现象非常壮观，常常引起人们惊恐，而且按照中国传统星占理论，太阳代表皇帝，日食是上天对皇帝的警示。日食发生，皇帝往往要素食，避正殿，斋戒救护，甚至下诏罪己。另一方面，编制和颁布历法，是帝制时代最重要的政事之一，而“历法疏密，验在交食”。因此，系统地观测和记载日食，既是封建迷信的仪式，也是科学研究的需要。

中国现存系统的日食记录，始自春秋时期。《春秋》鲁国历史中记载了 37 次日食。战国和秦代的日食记录散轶严重。自西汉起直至明末，日食记录相当完整。这些记录的形式也相当简单化一：某年月日（干支），日有食之。其他的信息不多。清代记录不仅完整，往往还有详细的食分和时刻，但据研究这些数据都是预报而非实测结果。

留存至今的古代日食记录，在史学和科学两方面都有着重要的学术价值。日食记录与诸多历史事件（尤其是与国君相关的事件）相联系，自然就成了史学研究中的线索。这些记录在史书中辗转相传，也就含有版本和文献学的信息。日食记录反映出当时对自然现象、天人关系的认识，当时天文工作的组织活动规律，当时历法计算的水平。这些都是科技史研究的对象。此外，早期历史年代和地球自转长期变化规律的研究，也常常求助于古代日食记载。《中国历史日食典》正是以上种种研究所需要的工具。

1. 早期日食记录

春秋以前的日食记录，零散而含糊，我们称之为早期记录(有些其实并不能公认为日食记录)。对于早期日食记录的研究，除了对原文的理解和演绎，确定该记录是否为日食及怎么样的日食外，还有两个共同的问题：年代范围和天文计算方法。这些早期记录往往没有确切的年代日期，同时那一时代又没有确切的纪年。其实人们研究这些日食记录的主要目的在于通过它们获取年代。“夏商周断代工程”通过各学科合作（包括天文方法），已提出包括西周各王王年、商代后期部分王年和夏商大致起始年的年表，这对于早期日食的研究无疑具有重要的参考作用。此外，当今天文计算方法对于远古时期日食计算实际上有一定的不确定性。

(1) 三苗日食。《墨子·非攻下》在论及古代圣王大禹征伐“有苗”时说：“昔者三苗大乱，天命殛之。日妖宵出，雨血三朝，龙生于庙，犬哭于市，夏冰，地坼及泉，五谷变化，民乃大振。高阳乃命玄宫，禹亲把天之瑞令，以征有苗。”彭瓞钧等人认为，“日妖宵出”或“日夜出”应是一次“天再昏”现象：当黄昏日落前后日全食（或接近全食）发生，天色突然变黑；几分钟后全食结束天色转亮；接着是正常的黄昏天黑过程。如果古人把日食引起的第一次天黑当作自然黄昏，那么其后出现的天色转亮就成了反常的日夜出了。他们认为这是发生在公元前1912（禹三年）年的日环食。显然，将日夜出指认为日食，根据还相当薄弱。

(2) 仲康日食。《尚书·胤征》记载“乃季秋月朔，辰弗集于房，瞽奏鼓，啬夫驰，庶人走。羲和尸厥官，罔闻知，昏迷于天象”，仲康王派胤率军前往征讨。更早的文献《左传》（昭公十七年）和《史记》（夏本纪）对此事也有类似的记载。文中指出“月朔”“辰”（古文有日月合朔的含义）、羲和（古代天文官）失职和恐怖天象造成混乱，都使人联想到日全食的情景。《左传》（昭公十七年）中更是将这段记载直接与日食事件相联系。因此它在历史上一直被认为是一次大食分的日食记录。事件发生的季节，除了上文中的“季秋”以外，《左传》暗示它发生于“夏四月”。“辰弗集于房”难以解释，它常常被理解为日食发生在房宿（星座）。这次事件，往往被认为是世界上最早的日食记载，古今中外许多人对此做过研究，结果众说纷纭。吴守贤对前人的工作进行了全面详尽的回顾与分析，总结出总共13家不同的年代结论。用现代方法做了复算，澄清了一些由于计算误差或计算错误而引起的误会。在对文献和天文学背景做出全面分析的基础上，用现代天文方法对3个世纪中中国可见的日食进行了搜索。在夏商周断代工程史学方面提出的相应年代的范围内，提出公元前2043年、公元前2019年、公元前1970年和公元前1961年四种可能的方案。

(3）三焰食日。商代武丁王宾组卜辞有一版龟腹甲，董作宾《殷历谱》中释为“三焰食日，大星”，指为日全食，“三焰”是三条日珥，全食时看到大星也是很形象的。此后众多学者进行了研究，例如周鸿翔读为“王占曰止杀勿雨乙卯于明雾三焰食日大星”，可译成：“王做了预言说，无灾无雨，从乙卯到次日清晨有雾，三焰食日，大星出现。”然而不同的意见从一开始就存在。最近李学勤在“三焰食日卜辞辨误”一文中重新对这版卜辞及过去的研究做了全面梳理和新的考释，释读为：“甲寅卜壳贞，翌乙卯易日。贞，翌乙卯（乙卯）不其易日。王占曰：止勿荐，雨。乙卯允明阴，乞列，食日大星。”其大意是：在甲寅这一天，壳（卜者）贞问次日乙卯是否天晴，这是为了祭祀的事。王根据占卜的结果判断说，不要陈放祭品，天要下雨的。到了乙卯日，天亮时果然阴天，停止陈放祭品，上午吃饭的时候，天气大晴。以此否定日食的说法。

(4) 日月又食。商代历组卜辞有“癸酉贞日月又（有）食，惟若；癸酉贞日月又（有）食，匪若”。其中“月”字又可视为“夕”。所述是何种天象，一直说法不一。有认为日食或月食发生，由于前不久有一次日月食，故而贞问吉凶；有认为癸酉日夕（黄昏）时日食；有认为日食昼晦如夕（夜）；有认为癸酉日间月食（带食出没的月食）。又有以“日月又食”为《汉书·天文志》之“日月薄食”；有认为贞问是否会发生日月食。或又以为“日月”乃一“明”字，解释为天明时日食。张培瑜根据前文所述各种解释都做了推算，试图找出对应的事件。另外，历组还有一片残片，刻有“贞日又食”，显然是日食。因为没有干支，无从推算。

甲骨卜辞
“日月又食”拓片

(5) 日又戠。商代历组卜辞有日又（有）戠记载，似指严重的天象：

乙巳贞……日又戠，夕告于上甲，九牛。

乙丑贞，日又戠，允惟戠。

庚辰贞，日又戠，其告于父丁，用牛九。

辛巳贞，日又戠，其告于父丁。

郭沫若首先指出“戠”与“食”音近，同音通假，可能是日食。此外也有太阳黑子说，日色变红说。由于后来又发现了“月又戠”卜辞，太阳黑子一说已不能成立。李学勤在《夏商周年代学札记》“日月又戠”一文中讨论了这些记录的前后文，对比相关卜辞的词义，引用古文字学家近年来的相关研究成果，确认日又戠为日食。

（6）天大曀。古本《竹书纪年》有“昭王十九年，天大曀，雉兔皆震，丧六师于汉”。此事发生在周昭王南征荆楚的过程中，《初学记》（卷7地部下）、《开元占经》（卷101）、《太平御览》（卷907兽部）都有引用，南征事也在铜器铭文中屡见。古辞书释“曀”为阴暗、阴风、天地阴沉意。当日食发生，接近食既时，天空迅速转暗，野鸡野兔因之惊惶逃窜，甚至由于地面冷热不均而阴风乍起。类似的情况古今中外常见记载。因此“天大曀”很可能是一次食分很大的日食。至于为什么不记日食而记“天大曀”，可以解释为阴天。当时尚不能预报日食，甚至尚不能定朔，因而未能联想到天色转暗是由日食引起的。这一点与下文中“懿王元年天再旦”颇相似。笔者计算分析了公元前1000年至公元前950年之间的日食，结合夏商周断代工程的西周年代结论，认为公元前976年5月31日日全食是“天大曀”记录的最佳解释。

（7）天再旦。古本及今本《竹书纪年》皆记载“（西周）懿王元年天再旦于郑”。从字面上看，是天亮后又亮了一次；“郑”是当时地名，在今西安市附近。刘朝阳等在20世纪40年代率先指出，这是一次日出时发生的日全食造成的天光变化。不少学者试图由此得出周懿王年代，但未得出一致的结论。笔者分析总结了前人的工作，建立了描述这一天象的物理模型和定量计算方法，利用1997年日食在新疆北部组织的多点实地观测验证了这一方法。通过对前后160年日食的搜索计算和对历史背景、自然状况的分析，确认懿王元年天再旦的记录应出自公元前899年4月21日日食。这一结果还得到出土青铜器“师虎簋”铭文的支持，并被“夏商周断代工程”阶段性成果采用，成为建立西周王年体系的七个支点之一。

（8）诗经日食。《诗经·小雅》的《十月之交》篇有：“十月之交，朔月辛卯，日有食之，亦孔之丑。彼月而微，此日而微，今此下民，亦孔之哀。”这是一首批评君王的诗，《毛诗》题为“十月之交，大夫刺幽王也”。原文明白地指出，十月朔日辛卯发生了日食，前不久还发生了月食。历代学者对经文的背景做了大量的研究和注释（见《十三经注疏》）。自唐代一行以降，历代天文学家试图用他们的计算方法来推算这次日食。其中幽王六年之说最为引人注目，因为唯此一例其历史背景、月份、前后文都能符合。但是现代天文计算却发现该次日食（前776年9月6日）在西安—洛阳一带并不能看到，陕北—北京一线方能察觉。笔者回顾了史学方面和天文学方面对诗经日食的研究以及尚存的困难，对相关的天文因素进行了全面的梳理，希望能对史学家对于诗经文献的含义与背景的研究有所帮助。

2．常规日食记录（春秋至明末）

《春秋》一书记载了37次日食，这是中国古代常规日食记录的开端。第一条在鲁隐公三年：

三年春王二月己巳，日有食之。

如果该纪日干支与后世相连续的话，可以推出这一天对应于公元前720年2月22日。根据现代天文计算当天正好有日食发生，在鲁都曲阜可见食分0.41，因此证实了这条记录。这也是中国纪日干支连续性的最早的独立证据。这种“年－月－干支日－日有食之”的日食记录格式，为此后历代所沿用。

春秋240余年，鲁国可以看到的日食约90次。其中食分在0.1以下，肉眼难以发现的约20次。考虑到阴云遮蔽的情况，能够有 37 次记录，可见当时对日食的观察记载，是持续而认真的。据张培瑜等研究，这批日食记录在经过合理的文字修补后，有 33 次可以由现代计算所证实。考虑到文献流传中难以避免的传抄错误，这些古代记录应当说是相当真实可靠的。

战国日食记录现存仅有 9 条，皆存于《史记》秦本纪或六国年表，用秦纪年。这几条记录都只有年，没有具体日期，无法确证。但有些年根本就没有任何可见的日食，显然是错误。

自汉初以至于明代中叶，这一时期的记载有着相当一致的特征。①连贯而齐全，凡是实际发生的日食，少有遗漏；②记录形式简明划一，如上述“年－月－干支日－日有食之”的格式，少有详情；③几乎全都来自正史的帝王本纪、天文等志以及宋代以后的《文献通考》系列，极少有其他独立来源。因此我们把自春秋至明代中叶的日食记录称为中国历史日食的常规记录。

常规日食记录除了上述简单形式外，往往也带有一些细节。例如《旧唐书·天文志下》记载：

> 肃宗上元二年七月癸未朔，日有蚀之，大星皆见。司天秋官正瞿昙撰奏曰：“癸未太阳亏，辰正后六刻起亏，巳正后一刻既，午前一刻复满。亏于张四度。”

这条记录包括了全食（既）的信息和初亏、食既、复圆的时刻以及日食所在星座，并且是司天官员在首都的观测，堪称相当的完备。可惜这样的记录很少。详细记录往往出自诸史《律历志》，常于讨论历法精度时用作检验。可以想象，当初观测时多有详情记载，只是编纂史书时被精简掉了。

笔者对这一部分日食记录进行了归纳整理，编成一个计算机可读形式的表，因此可以方便地对这些资料进行统计。自春秋至公元 1500 年共有独立（即重复的不计）的日食记录 938 条。

其中包括的详情大致有以下几类。

之處戰不勝大人惡之恐有喪禍明年冬郭子儀等九節度之師自
潰於相州五月癸未夜一更三籌月掩昴前星二更四籌方出正月
癸丑月入南斗魁二年二月丙辰月犯心前大星相去三寸三年四
月丁巳夜五更彗出東方色白長四尺在婁胃間疾行向東北角歷
昴畢觜參井鬼柳軒轅至太微右執法七寸所凡五十餘日方滅閏
四月辛酉朔妖星見于南方長數丈是時自四月初大霧大雨至閏
四月末方止是月逆賊史思明再陷東都米價踴貴斗至八百文人
相食殍尸蔽地上元元年十二月癸未夜歲掩房星二年七月癸未
朔日有蝕之大星皆見司天秋官正瞿曇譔奏曰癸未太陽虧辰正
後六刻起虧巳正後一刻既午前一刻復滿虧於張四度周之分野
甘德云日從巳至午蝕爲周周爲河南今逆賊史思明據乙巳占曰
日蝕之下有破國其年九月制去上元之號單稱元年月首去正二
三之次以建冠之其年建子月癸巳亥時一鼓二籌後月掩昴出其
北兼白暈畢星有白氣從北來貫昴司天監韓穎奏曰按石申占月

《旧唐书》上元二年日食

(1) 未见到日食的记录。古代天文学家在日食以前进行预报，然后在日食时实际观测，记录在案。如果预计的日食没有看到，往往也会做出记载。因此在史籍中常有“当食不食”（其实是预报不准确）和“阴云不见”的记录，并认为是皇帝的德行感动上天，因而加以庆贺。在上述938条日食记录中，“当食不食”记录有31条，“阴云不见”的记录37条，都从南北朝开始。看来，这是中国古代常规预报日食的起始。此外，还有一条“未报而食”。以上3种记录，都说明当时对日食有预报和观测两个环节。

(2) 日食食分记录。春秋37次日食中就有3条“日有食之既”。此后的记录中屡有出现“既”“昼晦”“星见”“不尽如钩”“几尽”的描述。明确“食既”的记录共有36次。有的记录描述“带食而出”或“带食而入”；有的记录描述被食部分在太阳的南部或北部。有趣的是，尽管环食发生的概率比全食高，却只有《元史·天文志一》中的一例环食记录：

(元世祖)至元二十九年正月甲午朔，日有食之，有物渐侵入日中，不能既，日体如金环然，左右有珥，上有抱气。

38条记录有具体食分的描述。食分有用十五分式，也有四分、三分、二分式，但多数是十分式，例如《旧唐书·天文志下》有：

(唐代宗)大历三年三月乙巳朔，日有食之，自午亏至后一刻，凡食十分之六分半。

(3) 日食时刻记录。64条记录载有时刻（至明末另有10条），载有初亏时刻23条，食甚时刻41条，复圆时刻18条。现存最早的日食时刻记录出自《汉书·五行志》：

(汉武帝)元光元年……七月癸未先晦一日，日有食之，在翼八度。……日中时食从东北，过半，晡时复。

这里日中时、晡时是当时对时间的表述。虽有一定规律，但甚为粗疏，也缺少严格的定义。上述64条计时记录中大约有三分之一属于此类，多在南北朝以前。自隋朝起，正史中日食计时均使用十二时辰（每时又分为“初”“正”两半）和百刻制（一“刻”大约相当于现代的15分钟），例如上文唐肃宗上元二年日食。至清代，就普遍使用“分”为单位了。陈久金对这些记录进行了整理研究。李致森等曾用这些记录来求解地球自转速率的历史变化。

（4）日食所在宿度。中国古代用二十八宿系统来表达天体的位置。“某宿某度”表达天体的赤经，“去极某度”表达赤纬。由于日食时日月在黄道上相合，“某宿某度”就表达了日月的确切位置。例如《汉书·五行志》：

高帝三年十月甲戌晦，日有食之，在斗二十度。

这样的记录有216条，多集中在汉代和唐代。汉代日食记录共137条，其中有宿度的记录92条，皆出自《汉书》和《后汉书》的五行志中（帝纪中没有）。唐代日食记录共105条，其中有宿度的记录93条，皆出自《新唐书·天文志》（新唐书帝纪和旧唐书纪志没有）。太阳所在星空通常是看不到的，因此这些记录显然不是日食时的观测结果。它们是事前的计算，还是编史时的加注，尚有待研究。

（5）观测地点。中国正史所载的天象记录，出自钦天监之类的皇家天文台，因此这些不注明地点的观测，应当是在当时首都做出的。也有极少数天象记录，尤其是日食记录，注明来自外地。注明地点的日食记录共20条，以汉代居多，例如《后汉书·五行志六》有：

和帝永元二年二月壬午，日有蚀之，史官不见，涿郡以闻，日在奎八度。

总而言之，这一时期的日食记载大多简单而公式化，来源也单一地出自史官的记载和正史的流传。

常规记录时期的日食还存在一些明显的疑问。由于这一时期日食预报已经逐渐形成制度，留存至今的记载究竟是预报还是实测，难以判断。尽管有“阴云不见”“当食不食”之类的记载，个别详细记录也比较了计算和实测的差异，但是混淆的情况还是很可能存在的。一些记录的事件和情形在中国不可见，正说明这种混淆。此外，观测地点是否都在首都，也难以一概而定。对一些全食记载的分析指出，外地报闻的信息有可能在史书的记载、编纂和流传过程中被剪裁，以至与首都所见相混淆。

3. 明清两代的日食记录

两个因素导致明代中叶以后日食记录形态的明显变化。自明代起，编修地方志之风大盛，其中有不少各地发生的天象记录和其他自然现象记录。同时由于时代渐近，留存至今的各种书籍也十分丰富，一些笔记小说也生动地记载了亲历的天象。同时，自明末起，西方天文学知识逐渐传入中国，先进的日食计算方法是最能打动朝廷的。明代官方的日食记录与过去基本上没有改变；清代官方的日食记录则远较过去详细，大量档案留存至今。

(1) 明清地方性日食记录

地方志卷帙浩繁，要做全面的浏览是极其困难的事。20世纪70年代中期，国家组织天文和图书馆系统人员，遍查全国7000多部12万卷地方志以及万余卷其他古籍，检出其中与天文学相关的信息，分类编成《中国古代天象记录总表》和《中国古代天文史料汇编》。参加这项工作的有300余人。由于篇幅巨大，多数内容未能正式出版。根据《总表》的部分内容出版了《中国古代天象记录总集》，但其中大量地方日食记录已被略去。

《总表》共载自古至清末的日食3000余条（当然，其中包括对同一次日食的多次记载）。载有日食的地方志，全都是明代以后编纂的。元代以前地方志中的日食记录为数也不少，但几乎没有独立信息。按“分野”理论，星空和地面的区域是互相对应的。因此地方志中往往将历代“相关”天区的日食记载转录其中，作为本地区曾经发生过的大事。例如《新唐书·天文志》载“玄宗开元九年九月己巳朔日有食之在轸十八度”，同治湖南《桂阳州志》、雍正《常宁县志》、道光《永州府志》都有记载。显然这些记载并非当地在唐代见到日食，只是清代的编纂者相信湖南“入轸”而已。

自明代起，地方志中的日食记录陡增，许多记录显然是当地见食的独立记载。例如正德九年八月辛卯（1514 年 8 月 20 日）日食，全食带经过甘南、川陕、湖北、赣北、闽浙，71 种地方志详略不同地记载了全食的情景。嘉靖江西《东乡县志》：

> 正德九年八月辛卯朔，午时忽日食既，星见晦暝，咫尺不辨，鸡犬惊宿，人民骇惧，历一时复明。

嘉靖二十一年日食

嘉靖二十一年七月己酉（1542年8月11日）日全食，全食带从新疆北部到浙江横贯我国，46种地方志记载了“日食既”“日食见星如黑夜”“飞鸟归林”的日全食场景。图中两条平行曲线之间是天文计算得到的全食带，小黑点是记载全食的地点。这样的记载具有较高的科学和历史价值。

《总表》共载有明代地方性（包括地方志和地点较明确的其他书籍）日食记录662条，清代地方性日食记录1103条。研究表明，明清地方性日食记录具有以下特点：

①与正史不同，地方志的日食记录缺少系统性和公式化。它往往只记载那些引起社会轰动的日全食或近全食。因此其记载往往较详细和生动。

②同一省或府的几个县往往有字句完全相同的描述，它们很可能是互相转录天象记录，因此难以分辨其独立性（其动机如前所述，是出于星占的观念）。此外，某些地方志完整系统的日食记录，很显然是转抄自正史天文志。例如广西《来宾县志》记载了明代99条日食，除了少数几条明显的笔误外，几乎与《明史·天文志》一一对应，连北京可见而广西不可见的也在其中。

③地方性日食记录的错误率极高。据笔者对明代地方性日食记录的统计，错误率高达70%（明代正史记录错误率只有12%）。清代地方性日食记录的错误率是54%，而清代正史记录错误率仅为3%。这是因为地方志天象往往经过事后的回忆才付诸笔墨，年代相差一两年是常有的事。而正史天象记录是专业人员当时的记载，错误只会发生在转抄过程。例如上文所述正德九年日全食，71条记录只有31条日期是完全正确的，其他的往往相差一两年，或是很容易判断的笔误。

(2) 明清官方日食记录

中国古代官方天象记录大致按照“皇家天文台观测记录(候簿)—观测报告(奏折)—宫廷日记(起居注)—帝王史(实录)—朝代史(帝纪/天文志)”这样一个脉络进行。自明代起,帝王实录基本保存完好,清代的宫廷档案就更加丰富。

根据现代计算,明代首都可见的日食(食分0.05以上)共101次,其中正史记“日有食之”88次,“阴云不见”5次,“当食不食”1次,无记录7次。明代正史共记载与日食有关的记录113条,其中记载“阴云不见”7条(实际有食5次),“当食不食”6条(实际有食1次)。记“日有食之”100条,其中并无日食或并不可见的12条。正史中的错误记录,极大的可能是混淆了预报和实测,流传和笔误所造成的错误极少。

明代官方日食记录基本上仍旧保持前代的“常规”形式。在《实录》中,尽管详情也不多,但个别事件的相关记载也还引人入胜。例如嘉靖四十年二月辛卯日食(1561年2月14日),《实录》记载当日微阴,钦天监言日食不见。皇帝为此十分得意,“以为天眷”,还打了一场该不该救护的官司,若干官吏因为未见日食就行救护礼而被罚俸记罪。实际上这次日食不但发生了,而且环食带恰恰通过北京,食分高达0.97,几近全食。按说即使“微阴”,这样大的食分也应该察觉。但该次日食发生在日落前(带食而入),大约“庆幸”之余,已无人去注意日食究竟是否发生了。

《清史稿》等官方史书共记载清代日食104次。根据现代计算,这104次日食,有5次日食北京不可能发生,其中3次北京看不到:中国东北部分地区能看到的两次,中国大陆完全看不到,而世界其他地方可以看到的1次。其中东北部分地区能看到的1次日食,《清朝通志》记载“日食,食不及一分,是日阴云不见”，明显是预报。而另外两次当日不可能发生的日食，极有可能是在成书或传抄中弄错了日期。清朝正史中的日食记录包括了这一时期发生日食的绝大多数，首都北京发生可见日食（食分0.05以上），而正史中未有记载的仅有7次，且均带食出入或发生在日出或日落时，而带食出入无论是在计算还是观测时，都容易被疏漏。有3次不是带食出入且食分较大的日食，正史未载，清朝的日食预报制度已经很健全，这3次正史漏载的日食极有可能是记载或成书过程中的疏忽造成的。

《清朝文献通考·象纬考》记录了顺治元年到乾隆五十年（1644～1785）的47次日食，内容相当详细，整齐划一。例如：

> （顺治）元年八月丙辰朔（1644年9月1日），日食在张宿八度十八分，食二分四十八秒，午初初刻一分初亏，午正一刻二分食甚，未初一刻十四分复圆。

这些记载给出不可能看到的日所在宿度，食分的精度过高，说明这些记载显然是计算（预报）的结果，并非实际观测记录。这些记录覆盖了这一时期全部的明显日食，竟然没有“阴云不见”的情形，也说明它们只是一系列计算结果（下文述及的钦天监档案记载了其中某些日食由于阴云而未见）。《清朝续文献通考》记录了此后直至清末的200多次日食，内容只有“日有食之”，直接说明是推算的结果，甚至包括“日食在夜”“中国不见”的事件。

《清实录》记载了顺治元年到同治十三年的82次日食。该书记载简单，并有大量遗漏。《清史稿·本纪》中的日食记录贯穿了整个清代，共计88次日食记录，但漏载也不少（15次）且记载形式非常简单。《清史稿·天文志》中有50次清代日食记录，只记到乾隆60年，仅漏载4次，记载形式较为详细。例如上述顺治元年日食，记为“午时，日食二分太，次于张”。

现存清代礼部档案和钦天监档案载有丰富的天象记录。这些档案被整理出版为《清代天文档案史料汇编》。

礼部档案中包括自乾隆六年至光绪二十七年的“钦天监进日食本”88例，是每次日食以前约半个月，钦天监上奏的日食计算结果。通常包括京师及各省府的日食食分、各食相的时刻方位、日躔宿度。显然，这种“钦天监进日食本”正是上述文献通考记载的来源。查本书日食表，清代北京可见的日食（食分超过0.05）共103次，显然有一部分“钦天监进日食本”被遗失了（通考所载的47例与礼部88例互有补充）。石云里等通过朝鲜文献补充了其中一部分。

钦天监档案中康熙二十年到光绪九年的50次日食观测报告，载有观测人员名单、初亏/食甚/复原时刻方位和占卜结论。例如康熙四十三年十一月初一日（1704年11月27日）“钦天监监正常额题观候日食本”：

> 钦天监监正常额等谨题，为观候日食事。
>
> 本年十一月初一日丁酉朔日食分秒时刻并起复方位已经具题外。臣等与礼部祠祭清吏司郎中达尚、王作舟齐赴观象台，公同天文科该直五官灵台郎瓦尔喀等，用仪测至午正三刻十一分南稍偏西初亏，未正一刻食甚，申初一刻七分西南复圆。
>
> 臣等谨按占书曰：十一月日食，粮贵；在心宿食，将相异心；丁有日食，侯王侵。

从行文看来，显然是实际观测。但令人可疑的是，除了几次阴云不见以外，这些“用仪测”得到的结果竟然和“钦天监进日食本”中的预报分毫不差！当时的预报和观测真的能达到如此之高的水平吗（这需要预报和观测的时刻分别达到“分”以下的水平）？

吕凌峰用现代方法计算了这些日食记录，发现其计时误差在1735年以前约为15分钟，其后约为8分钟。如此之大的误差，怎么可能预报和观测完全相符呢？原来，这些天文官员并没有认真观测日食，只是把原先的预报时刻抄下来，再作为实际观测时刻报上去。如此弄虚作假，就不怕被皇帝发现而治罪吗？果然有被捉住的时候。上述康熙四十三年“观候日食本”后面有皇帝批示：

> 朕用仪测验，午正一刻十一分初亏，未正三刻二分食甚，申初一刻复圆。查七政历，未初三刻二分日月合朔，新法推算无舛错之理，这舛错或因误写字画，或因算者忽略，将零数去之太多，亦未可定，着详察明白具奏。

皇帝亲自观测的结果与钦天监的结果相差极大，竟然没有悟出是受了欺骗。难怪以后永远是拿预报来冒充观测。中国古代天象记录，有时象征意义大于科学意义。研究者不可不察。

原载《中国历史日食典》，世界图书出版公司，2006年，第1章，文图略有调整

天文学家与天文遗址

张衡的生平和天文学成就

一、张衡生平

张衡是我国历史上一位伟大的人物。他在天文学理论、实测方面做出了重大的贡献，同时精心发明制造了水运浑天、地动仪、相风铜鸟等精巧的科学仪器。张衡还是一位才华横溢的文学家，著名的古经文学者，并被誉为东汉四大画家之一。在几十年宦海生涯中，张衡是科学与迷信斗争中的勇敢斗士，刚直不阿革新除弊的政治家。

张衡，字平子，河南南阳西鄂县石桥镇人（今南阳市北 25 千米）。生于公元 78 年，卒于公元 139 年（62 岁），经历东汉章、和、殇、安、顺帝时期。他的家庭是南阳著名的望族，祖父张堪追随刘秀起兵，为东汉王朝的建立和稳定立下大功，是东汉初期的重臣。张衡出生时，家道已经中落。少年时期，他学习特别刻苦，达到“不舍昼夜”的程度。十六七岁时，张衡离开家乡，只身外出游学。他首先来到西汉故都长安一带，用两三年时间走遍了渭河平原，考察风俗民情和故都宫殿名胜，然后向洛阳出发。永元七年，路过骊山，在游览了临潼的风景名胜后写了一篇《温泉赋》，这是他流传至今最早的作品。洛阳是当时的首都，商业和文化集中的地方，也是全国的学术中心。张衡在洛阳的四五年间，拜谒名师，交结文友，苦心攻读，达到了“通五经，贯六艺”的地步，在当时首都的知识界已有了一定声誉，为他进入仕途奠定了基础。

公元 100 年，鲍德调任南阳太守，23 岁的张衡跟随他回到故乡，做了太守的主簿官（文书）。直到公元108年鲍德离任后，张衡也辞去主簿职务，又在家乡居住了3年。张衡在南阳的这11年，创作了大量文学作品，使他成为中国历史上著名的文学家。张衡写的《同声歌》，使西汉时出现的五言诗达到成熟。张衡的《二京赋》庞大华丽，生动细腻，描述了长安、洛阳两个京城的宫室林苑，民情风俗，把"赋"这种文体推向了高峰。张衡的《二京赋》和描写故乡的《南都赋》是中国文学史上的名篇，对后世产生了很大的影响。张衡还研究了易经、墨经，以及地理、绘画。据记载，他画的"地形图"直到唐朝还存在。张衡被尊为东汉四大画家之首，可惜这方面现在所知甚少。

公元111年，张衡34岁时应召进京，任郎中等职，任务是起草文书等事务。这时他对天文学产生了浓厚的兴趣，开始深入研究。4年之后，张衡被任命为太史令，主管天文历法工作，从此成为世界上最伟大的天文学家之一。张衡自38岁起任太史令6年，改任公车司马5年，于公元126年49岁时重新担任太史令，直至公元133年56岁时。这18年时间，是张衡在科学技术上发明创造的巅峰。他制作了水运浑天等天文仪器，写了《灵宪》《算网论》等天文学、数学著作，发明制作了大量巧妙的机械：指南车、计里鼓车可以在行进中保持方向和记载里程，自飞木雕可以在空中飞行好几里路，相风铜鸟可以指示风向。他发明制作的地动仪，可以报告远在千里之外的地震，并指出方向。这是世界上第一架地震仪，张衡也因此被尊为地震学研究方面的鼻祖。张衡在技术方面的发明创造，不但在当时的中国是最先进的，而且在世界历史上也占有很特殊的地位。

公元133年56岁时，张衡升任侍中，这是在皇帝左右做顾问性质的官员。他对当时宦官、外戚专权的腐败政局十分不满，上书皇帝，提倡政治改革。张衡不惧权贵，不与他们同流合污，因而在政治上受到孤立和打击。在这个时期，他写了许多文学著作，表达自己愤世嫉俗，忧国忧民的心情。他的《思玄赋》《陈事疏》《怨篇》《四愁诗》《归田赋》等作品，不但表现了作者的清高正直，而且在艺术上达到很高的水平。如“四愁诗”首创七言诗的体例，“归田赋”开抒情小赋之先河。这些作品是文学史上的名著，为历代传颂。

公元 136 年 59 岁时，张衡出任河间相，相当于郡守的地方长官。公元 138 年 61 岁时回京师，官拜尚书。公元 139 年 62 岁时卒于尚书任上，葬于家乡南阳。

1955 年发行的《古代科学家》邮票

二、张衡的天文学成就

1. 浑天说的代表。我国古代关于宇宙结构的理论，主要有三个学派，即盖天说、浑天说和宣夜说，张衡是浑天说的代表人物。浑天说认为天是球形的，地在其中。日月星辰随天球旋转，落山以后转入地下。这样的学说能准确地表达天体的周日运动，并采用了球面坐标，即赤道坐标系，来量度天体的位置，计量日月五星的运动。这种科学实用的坐标系是我国古代天文学的伟大创举，并为近现代天文学普遍采用。

张衡有明确的宇宙无限的思想。他认为天有一定的大小(直径232300里)，但天不是宇宙的尽头，天地只是宇宙的一部分。他在《灵宪》中说，“宇之表无极，宙之端无穷”，就是说宇宙不但在空间上是无限的，而且在时间上也是无穷的。他在《思玄赋》这篇作品中幻象自己遨游太空，经历日月众星后到达天外，显示他宇宙无限的思想。

唐《开元占经》中载有“张衡浑仪注”中的一段话：“浑天如鸡子，天体如弹丸。地如鸡子中黄，孤居于内。天大而地小，天表里有水，天之包地犹壳之裹黄。天地各承气而立，载水而浮。”这里，张衡提出了地球的概念。这一段话究竟是不是张衡所说，学术界还有争论（因为《灵宪》中的说法与此不太一样)，但是这种浑天派说法，显然和张衡的思想有一脉相承的关系。

2. 天体演化思想。在《灵宪》中，张衡全面阐述了他的天体演化思想。他认为天地的生成可分为3个阶段。第一阶段称为“溟涬”，这就是早就存在的几何空间。这是一片沉寂，没有物质性的东西，只有宇宙万物发展变化的规律存在。第二阶段称作“庞鸿”，各种不同的物质性元气产生，混合在一起，不断运转，混沌不清。第三阶段称为“太元”，这时元气清浊逐渐分开，形成天地万物。张衡的天体演化思想在我国古代很有代表性。它的进步之处在于试图用客观规律来解释观测结果，反对用神学、迷信来牵强附会。这一斗争贯穿张衡的一生。他曾经冒着很大的风险，多次勇敢地站出来反对当时喧嚣一时的“图谶”之说：即古代巫师制造一种隐语或预言，充当上天的启示，由此预决吉凶，尤其是用天象来附会人事。在当时，图谶被奉为法典，是知识分子做官的必经之路，不少人因反对图谶而招致大祸。因而张衡这种坚持科学的精神是十分难能可贵的。

3．仪器制造。张衡任太史令不久，就开始制造新的天文仪器。他设计制作的“漏水浑天仪”是他一生发明中最重要的一项。张衡的浑天仪即后世的浑象，相当于现代的天球仪。这是一种用来演示天球坐标和说明浑天学说的设备，最早见于西汉耿寿昌的发明，张衡进行了改进。他把漏壶和浑象连接在一起，用水力推动浑象均匀转动，每昼夜恰好一周。这样，浑象就可以自动演示天体的周日视运动。他把这架仪器放在密室之中，让人在外面观测报告，哪颗星中天，哪颗星东升，哪颗星西落，与仪器上指示的完全一样，时人非常佩服。

张衡是否制造了观测用的浑仪，现在不是很清楚。按照推测，作为重视实测的太史令，又是仪器制造专家，张衡肯定会制造实测用的浑仪。实际上也有些线索，《宋书》记载东晋末年刘裕攻克长安，得到张衡的浑天仪，作为战利品运回南方，一路上许多人围观，颇为轰动。记载中还说这架仪器上没有刻画恒星。由此看来，并不是天球仪，倒很可能是观测用的浑天仪了。据记载，张衡还发明了一种记载日期的仪器，叫瑞轮蓂荚。这是一种模仿古代传说植物的装置：上半月每天升起一片叶子，下半月每天收起一片。

4．张衡对许多天文现象都有独到的见解。这些见解都是从观测事实出发，探索自然界的客观规律。这样的思路在今天看来是十分自然的，但在当时则要和占统治地位的“天人感应”

的迷信思想做艰苦的斗争。

东汉时，日月五星的运动周期已测得相当精确的数值，但太阳系的结构却很少有人讨论。张衡在《灵宪》中提出，“近天则迟，远天则速”，即行星视运动的快慢决定于该行星离天球的远近。离天远离地近，就走得快；离天近离地远，就走得慢。这和今天的认识是一致的。

月食的规律很早就有初步的认识。《周易》中说，“月盈则食”，知道月食必发生在望日。西汉司马迁《史记·天官书》里第一次提出月食发生的周期，开始了预报月食的历史。但是，从理论上详细地对月食产生的原因做出科学解释，则始自张衡。他指出，“月光生于日之所照”。又说“当日之冲，光常不合者，蔽于地也，是谓暗虚。在星则星微，在月则月食”。也就是说，日月相冲，即在地的相对两边，地挡住了太阳的光，因此发生月食。当然，他以为星光也是太阳所照，也会被地挡住，就不符合事实了。

张衡指出，日月的视直径是周天的1/736，即29.3′，与今天的测量值差不多。他还正确地指出，早晚的太阳和中午的太阳，大小是一样的。大小不一样，是人眼的错觉。张衡还对恒星数量进行过统计。他在《灵宪》中说，“中外之官，常明者百有二十四，可名者三百二十，为星二千五百……微星之数，盖万一千五百二十。”这和三国陈卓总结，成为后来的中国传统的二百八十三官，一千四百六十四星有所不同，应该是他主持皇家天文台时的工作（也有人认为这些数字其实只是佛家之说）。

历法方面，张衡也有精辟的见解。在当时是否使用“四分历”的一场争论中，他从观测实际出发，反对迷信的图谶说，主张使用先进的“九道法”计算月亮位置，坚持使用较精确的“四分历”。

总而言之，张衡在天文学方面的成就是非常丰富的，对后世也产生了很大的影响。这使他成为中国历史上最伟大的天文学家。他在科学、技术、文化各方面的全面发展与杰出贡献，又使他成为中国文化名人和世界文化名人。1970 年，月球背面的一座环形山被命名为“张衡”。1977 年，紫金山天文台发现的一颗小行星命名为“张衡”。1981 年，我国一艘万吨巨轮命名为“张衡”。郭沫若在 1956 年重修张衡墓时题词：

如此全面发展的人物，在世界史中亦所罕见。万祀千龄，令人景仰。

这是第一届张衡天体物理讨论会 1990 年 8 月 23 日在陕西天文台举行时，应会方要求，在开幕式上的报告

庾季才和傅仁均

1996年，参加《科学家传》的工作。这部书收入二十五史中300多位科学家和发明家的人物列传。对每位人物翻译其列传原文，并加以说明。本书共3册，赵慧芝主编，海南出版社出版（1996）。我负责其中9位天文学家：（南北朝—隋）庾季才、（唐）傅仁均、崔善为、（金）耶律履、杨云翼、（元）张文谦、李谦、齐履谦、杜瑛。

中国古代天文学，分为星象（命名和观察测量恒星、观测各种日月五星云气等天空现象并加以记载、给皇帝提供星占服务）和历法（在观测的基础上研究天体运动和天象变化的计算方法、根据天象规律制定历法提供皇帝颁布）两大部分，这里各选一位。他们虽然不像张衡、一行、郭守敬那样有名，却也在中国古代天文学中有着重要的地位。我们习惯于阅读从现代科学角度去解析古代人物的科学家传记。现在来看看，在古人眼中，这些科学家又是怎样的人物。

庾季才

【说明】庾季才（515~603），新野人（今河南省新野县），秉承家学，精通天文历算。在南朝梁时任太史，封宜昌县伯。梁都破，庾季才被俘后受到优待，任西魏、北周太史，并先后加封上仪同、骠骑大将军、开府仪同三司，封临颍伯。隋取代北周，庾季才参与劝进，任通直散骑常侍，封公爵。其一生经历数朝变迁，因长于星象占候，谨慎明断而躲过许多灾祸，得保终生。北周时，庾季才奉命撰《灵台秘苑》一百二十卷，后经宋朝王安礼重修二十卷，是传世至今的重要天文文献。他还与明克让等人共同编造了《周历》行用于北周。隋高祖平陈，得到南朝的天文图书仪器和天文学家，庾季才奉命参校南北两朝资料加以整理，画出全天星图（盖图），其中有赤黄二道，内外两规，恒星银河。自此，太史观天赖以识星。庾季才父子还奉命编撰了《垂象志》一百四十二卷、《地形志》八十七卷，是当时天文地理集大成之作。晚年因为不同意张胄玄、袁充的观点而被免职。

【隋书·卷七八】庾季才，字叔弈，新野人。八世祖先庾滔跟随晋元帝过江，官至散骑常侍，受封为遂昌侯，于是在南郡江陵县安家。祖父庾诜，梁朝时处士，与同族人庾易同样闻名于世。父亲庾曼倩曾任光禄卿。庾季才小时聪明，8岁背诵《尚书》，12岁精通《周易》，喜好天文星占。因居丧尽孝而闻名。梁朝庐陵王萧绩让庾季才担任荆州主簿，湘东王萧绎敬重他的学问，请他任外兵参军。御史台建立后，庾季才历任中书郎兼太史，受封为宜昌县伯。庾季才执意推辞太史职位，梁元帝萧绎说："汉朝司马迁世代担任太史，魏高堂隆也任过此职。有这些先例，您怕什么呢？"梁元帝也很懂天文历算，曾在一起仰观天象。元帝问道："我正忧患祸起萧墙，有什么办法可以平息？"庾季才说："近来天象预兆政局变化，北方（西魏）将要入侵，陛下应当留重要大臣坐镇荆、陕一带，率领朝廷回到都城，避免战祸。倘若敌寇入侵，至多荆湘一带失守，国家朝廷可以保全。如果长久在此停留，恐怕不合天意。"皇上当时赞同，但后来与礼部尚书宗凛等商议后，又改变了主意。不久后北兵来犯，江陵陷落，竟和庾季才预料的一样。

北周太祖宇文泰（当时西魏大将）见到庾季才，非常敬重，让他执掌太史职位。每次出征打仗都带着他。赐给他一座房宅，水田 10 顷以及奴婢牛羊和各种用具物品，对他说：“先生是南方人，在北方不安心。我赐给你这些东西，希望你在此安家，绝了南归之心。你要尽力为我做事，我将用富贵来答谢你。”当初郢都（江陵）陷落时，官吏士绅多半被俘成奴隶。庾季才卖掉所赐的东西，设法赎买亲戚朋友。隋文帝杨坚（当时北周大将）问他缘故，庾季才说：“我听说魏攻克襄阳，先表彰蒯异度，晋占领建业，为得到陆士衡而欣喜。攻打别国以求人才，这是古代圣贤的做法。如今郢都被攻破，国君（梁元帝）就算有罪，官吏士绅又有什么罪，让他们都沦为奴隶！我是外来的人，不敢提意见，但心中实在悲哀，因而设法营救。”周太祖大为信服，说：“这是我的过错，做了使天下人失望的事！”于是下令免除梁朝战俘为奴隶的数千人。

北周明帝武成二年（560），庾季才和王褒、庾信同时任麟趾学士。又逐步做到稍伯大夫，车骑大将军，仪同三司。后来宰相宇文护执掌政权，问：“近来天象有什么预兆?”庾季才说：“您对我恩情深厚，我若不说心里话，就像木头石头那样无情无义。近来天象有变，对宰相不利。您最好把政权还给皇帝，请求退休回家。这样可以安享晚年，受到周公旦、召公奭那样的赞美，子孙后代安全富贵。不然的话，我可不敢预料了。”宇文护沉吟很久，对庾季才说：“我本意如此，但辞职的请求得不到批准。您是朝廷的官员，可以依照常规朝拜皇帝，不必专门来参见我了。”从此，渐渐疏远，不再私下交往。后来宇文护被灭，周武帝亲自查抄他的书信文件。凡是伪托天命，怂恿篡位的人，都被杀戮。只有庾季才的两封信，通过天象星占，极力劝告宇文护将政权交还皇帝。武帝对少宗伯斛斯征说：“庾季才诚实谨慎，懂得规矩。”于是赐粮食三百石，帛二百段，升任太史中大夫，让他编撰《灵台秘苑》，加任上仪同，封临颍伯，赐食邑六百户。宣帝继承皇位，加封庾季才为骠骑大将军、开府仪同三司，增加食邑三百户。

杨坚做宰相时，曾经夜里召见庾季才，问他："我能力不强，但当这样的重任。天时人事，先生认为如何?"庾季才说："天道之事神秘，难以预料。以人间事看来，改朝换代的事情已定。即使我说不行，您哪能像避让于箕山颍水的许由那样行事呢?"杨坚沉默许久，抬头说："我如今像骑在兽背之上，想下也下不来了。"后来赐给庾季才彩缎五十匹，绢二百段，说："谢谢您的好意，我再慎重考虑一下。"北周静帝大定元年(581)正月，庾季才说："本月戊戌日早晨，青气如楼阁，出现在首都上空，然后变成紫色，逆风向西行。"《气经》说："天不能无云而雨，皇王不能无气而立。如今王气已经出现，应当马上顺应它。二月份日出于卯位（正东），入于酉位（正西），居于天上正位，称为二八之门。太阳是皇帝的象征。皇帝即位最好在二月。今年二月十三日是甲子日，甲是六甲的开始，子是十二辰之首。甲数为九，子数也是九，九是天数。这一天又是惊蛰，阳气萌发的时节。当年周武王二月甲子日定天下，周朝享年八百岁；汉高祖二月甲午即帝位，享年四百岁。可见甲子、甲午是天数。今年二月甲子，应当应天受命。"杨坚采纳了他的建议，废北周自立为帝（隋文帝）。

隋文帝开皇元年（581)，任通直散骑常侍。文帝准备迁都，夜里与高颖、苏威商议决定。早晨庾季才报告："我仰观天象，俯查书籍，卜卦占课，得到迁都的结论。尧都平阳，而舜迁都蒲坂。可见帝王居处，世代不同。再说汉朝营建长安城，至今已有八百年。地下水含碱大，不适宜饮用。希望陛下遵照天意人愿，做好迁都的计划。"皇上大为惊诧，对高颖等人说："怎么如此神通!"于是下令施行。赐绢三百段，马两匹，加封为公爵，对庾季才说：“我从今后，相信有天道了。”于是命令庾季才和其子庾质撰写《垂象志》《地理志》等书。皇帝对庾季才说：“天地奥秘，测验方法有多种，见解互不相同，以致造成差误。我不愿意外人干预此事，因而让你们父子共同进行。”书编成献上，又赐米千石，绢六百段。

开皇九年（589），派任均州刺史。任命下达，将要动身，又因为众人议论他的学问精通而下令仍留任原职。庾季才因为年老，多次请求辞职，每次都不得批准。这时张胄玄的新历开始执行，又有袁充上书论日晷影长的事。皇上向庾季才询问，回答说袁充谬误。皇上大怒，因而免职，给半薪回家。天象变化，自然异常，皇上常派人去他家里询问。仁寿三年（603）去世，终年88岁。

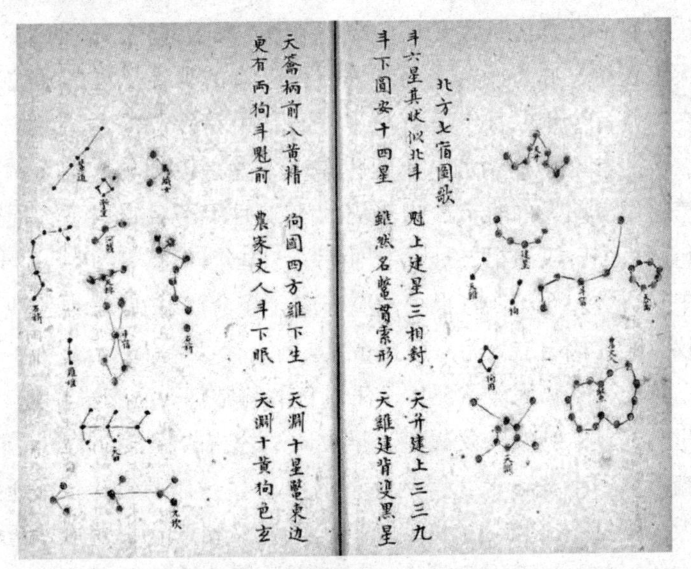

［宋］王安礼重修《灵台秘苑》抄本——北方七宿图歌

庾季才为人宽宏大量，学业精深广博，讲信义。一向好与朋友同游。良辰吉日，常与琅琊王褒、彭城刘珏、河东裴政以及族人庾信等以文酒聚会。还有刘臻、明克让、柳辩等，虽是后辈，也诚恳交往。庾季才撰有《灵台秘苑》一百二十卷、《垂象志》一百四十二卷，《地形志》八十七卷，流传于世。

傅仁均

【说明】傅仁均，滑州白马人（今河南省滑县），生卒不详。东都（洛阳）道士，擅长历法计算。以编历之功，于唐初任员外散骑常侍、太史令。唐朝初建，太史令庾俭、太史丞傅弈推荐傅仁均制定新历。他上表说明他的新历有七大特点：1. 以武德元年（戊寅年，即公元 618 年）为上元，称为戊寅元历；2. 采用岁差，五十余年冬至差一度，与《尧典》日短星昴的记载相符；3. 能推出《诗经》日食；4. 与鲁僖公时冬至记录符合；5. 采用定朔，因而有连着三个大月或三个小月；6. 周日时辰以子半起始，周天度数由虚六度起；7. 采用定朔，因而晦朔两日看到月亮的情况不再出现。傅仁均的《戊寅元历》建立在东汉两晋南北朝至隋代天文学重大进展的基础上。其基本特点是：1. 废除了烦琐无用的上元积年方法，废除了不精确的闰周概念；2. 采用了精密的定朔方法；3. 继续采用先进的岁差方法。这是中国历法史上的重大进步。《戊寅元历》于武德元年七月颁行后，遭到多方反对。唐书本传及历志记载了王孝通的驳辞和傅仁均的辩词，以傅仁均胜利告终。傅仁均的改革终于难以为当时接受。武德九年（626），上元积年被恢复。武德十九年出现连续四个大月，导致定朔法夭折，到李淳风《麟德历》才部分实行。这两项改革，直到元代《授时历》才得以彻底实行。《授时历历议》中称傅仁均为 4 大历家之一。

【旧唐书·卷七九】傅仁均，滑州白马人。擅长天文历法计算。武德初年，太史令庾俭、太史丞傅弈上书推荐他。唐高祖李渊诏令他修改旧历。傅仁均上表说了七件事：

第一，当初洛下闳以汉武帝太初元年丁丑为新历的起始，历元为丁丑。如今大唐戊寅年受命，甲子日登极，所造的历，上元就定在戊寅年、甲子日。用“三元”方法一百八十年为周期，武德元年戊寅为上元，则日月合璧，五星连珠。一直到今天都适用。

第二，《尧典》说：“日短星昴，以正仲冬。”前人所造的历，没有一个能符合的。如今我造的历，每五十年冬至点移动一度。参校周、汉以来的记载，千载无差。

第三，经书中的日食，《毛诗》最早：“十月之交，朔日辛卯。”按照我的历法，可以推出周幽王六年辛卯朔日食，与此相符。

第四，《春秋命历序》载有：“鲁僖公五年壬子朔旦冬至。”前人各种历法都不能符合。我的历法推得僖公五年正月壬子朔旦冬至与之相同。从那以后（与历代记录相符），并无差错。

第五，古时历书，日食常在晦日（朔前一日），或在初二日；月食常在望前或望后。我的新历，有时连着三个大月，有时连着三个小月。这样，日食总是在朔日，月食总在望前。与鲁史（春秋）记载校验，没有差错。

第六，前代造历，时辰不从子时半开始，星度不从虚宿中开始。我的历法，时辰从子时开始，星度从虚六度起，与时辰相配，得到子时为中，符合阴阳的规律和历术的原则。

第七，按前人各种历法，月亮常常在晦日仍可在东方见到，朔日仍可在西方见到。我的新历以月亮实际位置定朔日，永无这种毛病。

经过几个月，新历完成献上，名曰《戊寅元历》。皇帝很赞赏。武德元年七月，下令颁行新历，任命傅仁均为员外散骑常侍，赐丝绸二百段。

后来中书令封德彝报告历法差误，吏部郎中祖孝孙奉命考察。此外，太史丞王孝通以《甲子历》为根据批驳傅仁均：

《尧典》说："日短星昴，以正仲冬。"孔安国解释说，七宿同时可见，只举其中间一宿而已。可见中天的星宿并无一定，只是两分两至时各举一宿为代表。昴为西方七宿中居中之宿，虚为北方七宿居中者。一分（秋分）一至（冬至）各举出中间一宿，其余六宿就都知道了。至于春分举（南方）鸟星，夏至举（东方）火星，这一分（春分）一至（夏至）又举出七宿全体，则西方、北方的星宿也可想见。如今傅仁均专以日中星昴一句为根据来做定朔，歪曲经文原意，不是错误了吗？再说《月令》，仲冬"昏在东壁"，可见昴中的说法并不准确。如果说陶唐（尧）时代恰是昴中，后代逐渐变化，直变到东壁，那么尧前七千余年，冬至日变成了翼宿（黄昏时）中天。时代愈远，差距愈大，谬误愈加明显。

如今测得（冬至日）黄昏东壁星中天，太阳应在斗十三度。如果翼宿中天，太阳就应在井十三度。井宿在最北，离人最近，而斗宿在最南，离人最远。日在井则天下最热，在斗则最冷。如果（如傅仁均所说）尧前冬至反而最热，夏至反而最冷，四季倒错，寒暑易位，这是绝对不合道理的。再说，郑康成是知识渊博的人，他对弟子孙皓说："（《尧典》中）日永星火，只是中天星在大火这一次（一组）三十度里，并非说'火'就仅指心宿恰恰正中。再说，平朔、定朔，过去就是两家；平望、定望，从来就是两种方法。三大三小（月相连）是定朔、定望的方法；一大一小是平朔、平望的原则。日月运行，有时快有时慢。每月相逢一次，叫作'合会'，因而晦朔日期不定，由人安排。若一定按定朔方法来安排月大月小，虽然日月合会能够确定，但蔀、元、纪这些历元的原则就都不符合了。若要远处符合起始历元，近处合理地处理余数，日月会合时稍有误差，历元又能相符，那就要数《甲辰元历》最好了。”

傅仁均答辩道：

（南朝）宋代祖冲之早已创立（移动冬至点）的差术，到隋代张胄玄等人加以改进。虽然所用的差度大小不同，道理是一样的。如今王孝通不懂宿度差移的事实，不明黄道迁改的道理，固执南斗为冬至恒星，东井为夏至之宿，故意刁难，这哪里是不变的道理？太阳在星宿中运动，如同邮传在驿站间行走。既然宿度每年有差，黄道因而随着变异。哪能用胶柱不变的道理来刁难运行着的天体呢？

《易经》说：“治历明时。”《礼记》说：“天子玄端，听朔于南门之外。”《尚书》说：“正月上日，受终于文祖。”孔氏说，上日就是朔日。《尚书》又说：“季秋月朔，辰不集于房。”孔氏说：“集，日月相合。不合，可见是日食。”又说：“先时，不及时，皆杀无赦。”先时就是预报的日食不准确。之所以有先后之差，是不知道定朔的道理。《诗经》说：“十月之交，朔日辛卯。”《春秋》记载日食三十五次。左丘明说：“不书朔，官失之也。”说明圣人孔子不言晦，只记朔。自春秋以后，离圣人的时代渐远，历法差误，不能辩证（春秋时代的记载）。因而秦汉以来，日食多不在朔日。（南朝）宋代御史中丞何承天提出定朔的看法，但未能详细证明，为太史令钱乐之、散骑常侍皮延宗所压制。王孝通今天所说，是皮延宗的旧话。何承天当时理论不完善，因而被压制。我如今把其中道理简单申明一下。

编历的根本，必要推算上元。这时日月相逢如合璧，五星会聚如连珠，夜半冬至，甲子日同时发生。从此以后，各个天体速度不同，日月五星分散运行，不知何年何月其运动的余数同时为零，日月五星才能恰好又会聚在一起。唯有日分、气分有可能同时为零，因此才有日月合朔于冬至的三端之元。故而编造历法的人以小余为零作为元首，这是纪日数的起始日，并不关日月合璧的事。人们传说，大小余都为零时，即定为夜半甲子朔旦冬至之日，这是不懂真正原理的说法。为什么呢？冬至（来自太阳运动）有一定的规律，而朔是由月亮运动决定的。既然月亮运动快慢无常，三端哪能轻易相合？因而必须日月相合，又恰巧在冬至这一天，才能叫合朔冬至。前代诸历，不明白这个道理，以大余为零的年（这样的年冬至为甲子日）为元作为规律，而不知道日月五星七曜散行，气朔不合。如今我的历法只取日月合璧、五星连珠、夜半甲子朔旦冬至为上元，以此为起始，按规律推算以至于今，以定朔方法确定朔日，不关三端的事。这些事皮延宗不懂，何承天也不清楚，怎么能作为理由来批驳我呢？

祖孝孙听后，同意了傅仁均的说法。

贞观初年，益州人阴弘道又把王孝通的论点提出来，终究未能驳倒傅仁均。李淳风又提出十八条意见批驳《戊寅元历》，崔善为奉命考察双方得失。结果七条按李淳风的方法执行，其余十一条仍按傅仁均的方法。傅仁均后来当太史令，死于任上。

载于《科学家传》，海南出版社，1996 年，369 页 ~ 373 页，423 页 ~ 427 页

陶寺古观象台

山西省南部是中华民族最早的发祥地之一。20 世纪 50 年代，襄汾县东北 6 千米的陶寺村附近发现了一处大型的龙山时期（距今约 40 至 50 世纪）史前遗址。这是晋南 80 多处龙山文化遗址中最著名的一处。1978 年 ~ 1987 年，陶寺遗址进行了大规模发掘。发掘的 1300 余座墓葬及大量房屋遗址显示了当时的社会等级结构。出土物包括大量石质、陶质和木制的生产、生活器具，以及大型的石磬、鼓等祭祀器。碳 - 14 检测证实，陶寺文化分为早、中、晚三期，存在于公元前 2500 年 ~ 1900 年之间。近年来，学术界倾向于将陶寺遗址与“尧都平阳”相联系。

自 1999 年以来，中国社会科学院考古所、山西省考古所、临汾市文物局联合对陶寺遗址进行了新一轮发掘，发现并确认了陶寺早期小城、中期大城、中期小城、祭祀区、仓储区、宫殿遗址等。最令人兴奋的是，一座大型半圆体夯土建筑 Ⅱ FJT1 被发掘揭露。结合考古学各方面信息，该建筑建于陶寺中期(大约公元前 2100 年左右)，毁于陶寺晚期。

如下图所示，中期大城大致呈圆角长方形，东南—西北方向，面积近 280 万平方米（1.9 千米 × 1.5 千米）。图中标出城墙，被水土流失形成的沟壑隔断。大城的东南部围出一个长条形的小城，属于祭祀区。Ⅱ FJT1 位于小城中，与大城（内道）南城墙相接，图中以圆圈表示。

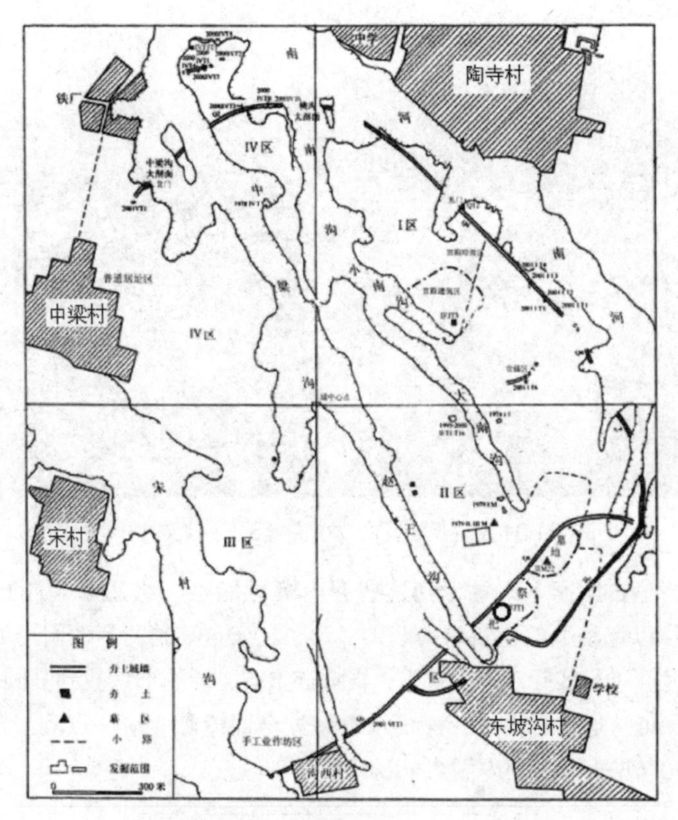

陶寺中期大城地图和ⅡFJT1（据何驽）

这是一个夯土筑成的三层半圆形坛台。最上层台（第三层）的东部有一组排列成弧形的夯土墩。经探测，这些夯土墩深达 2 米 ~ 3 米，隔开土墩的略虚的夯土残深只有 4 厘米 ~ 17 厘米。也就是说，在夯土圆弧墙上挖出一系列的残深为 4 厘米 ~ 17 厘米的狭缝。ⅡFJT1 半圆形坛背靠大城城墙，面向东南方。目前揭露的夯土墩、墙的上端面大致在陶寺晚期（距今 40 个世纪 ~ 39 个世纪）被削到同一平面，位于现代地面下约 1 米深处。下图是发掘现场和用于模拟观测的铁架，夯土墩的边界用白灰标出，观测铁架安放在狭缝5 上。

Ⅱ FJT1 发掘现场及安放在狭缝 5 上的观测铁架

考古学家立刻意识到这些夯土墩可能是一组用于观测日出方位以定季节的建筑物的基础。为了证实这一猜测，他们用了两年时间进行实际观测。首先，根据夯土墩、墙的形状找到其圆心，并保证从这一观测点，视线可以穿过全部缝隙。这一点到缝隙 1 ~ 10（见下图）的内侧约 10 米。

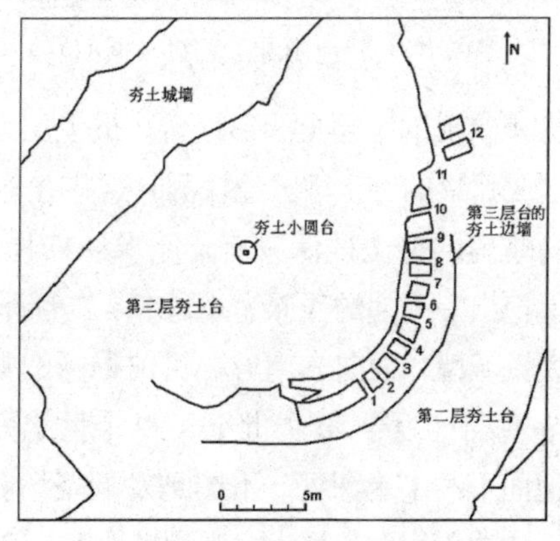

半圆夯土台和 12 个狭缝

然后制作了一个高达 4 米的铁架，它的横截面形状和尺寸可以调整到与夯土墩的缝隙完全相符。这样，站在中心观测点上就可以透过铁架形成的缝隙模拟古人的观测。

初步观测证实，在冬至日出时太阳接近但不能进入 2 号缝；而几分钟后太阳进入 2 号缝中时，已经高出东边的山脉。考虑到 40 个世纪前黄赤交角比现今约大半度，精确计算的结果表明，那时冬至日出时应该在 2 号缝中！夏至时的情况也与此相同：计算得到 40 个世纪前日出时适合第 12 缝，而现代的观测却不能适合。冬至和夏至的观测结果令人信服地证明了夯土墩是为观测四季日出而建造的，其他各缝隙应是指示当时历法的一些特征点，而 1 号缝则可能与观测月亮有关。在进行 2004 年 10 月中旬以前的实地模拟观测时，陶寺文化中期的夯土观测点遗迹尚压在堆土台下（为便于模拟观测而暂留的）。此后的堆土台清理完毕发现，原计算和摸索得到的理论模拟观测点的正下方竟然是一个核心直径 25cm 的 4 层圆形夯土基础（见下图），其中心点与先前采用的模拟观测点只差 4cm！这一发现更加证实了ⅡFJT1 的天文观测功能。进一步的发掘，未能发现中心点西侧有观测日落的遗迹。

观测点圆形夯土基础解剖图（据何驽）

众多天文学史专家审读了发掘报告并对实地进行了踏勘，一致认为该遗址与祭天和观测日出确定季节有关，是现今已知最早的观象台。

古代文献和遗物皆证实，用日中影长来测定季节日期，是中国古代一贯的传统，这与世界其他文明的史实有明显的区别。古代中国文献中，极少有观测日出日落方位来定季节的线索，也未发现过有关的遗迹。因此，ⅡFJT1的发现，对于中国天文学史的研究具有特别重大的意义。它所处的考古文化背景和初步天文分析的结果，都指出它存在于40个世纪以前。

参见刘次沅研究论文目录No. 70，72，74.

巨石阵前的遐思

应英国皇家学会的邀请，我到英格兰北部的达勒姆大学做了为期3个月的合作研究，内容是利用中国古代天象记录研究地球自转长期变化。说起英国的古天文遗址，巨石阵是举世闻名的。热情的主人特地为我安排了一次参观。

从达勒姆向南驱车500多千米，到达英格兰南部的索尔兹伯里城。城北是一片略有起伏的平原，车开出几分钟，便可远远望到鼎鼎大名的巨石阵了。巨石阵离公路很近，停车场和各种辅助设施在公路的另一边，下车后穿过公路下面的隧道，走上台阶，眼前就是矗立的巨石。

巨石阵的英文名字叫斯通亨治（Stonehenge），意思是石头圈。石阵由巨大的青黑色石头组成，每块约有七八米高，恐怕有几十吨重，长方体。大多数石头竖立着，也有一些横搭在竖立的石头上。几块立石的顶端平面中央有一个显然是人工雕琢的圆包，不知是搭砌横石的榫头还是瞄准用的。现存的30余块大立石形成直径约30米和15米的两个同心圆。最外面还有一圈56个土坑，形成直径约90米的同心圆。远方约百米处还有一块孤立的巨石。

大不列颠岛上的古代居民经过巨大的变迁，关于这些巨石建筑的建造和功用，既无文字记载，又无可信的传说，因而成为世界著名的谜。近百年来的考古工作发现，巨石阵是公元前20世纪至公元前15世纪之间（相当于我国传说中的夏朝）逐步兴建起来的。最早的工程是远处的孤立石柱和最外围的56个坑，其外围还曾有过一道短墙和一条沟；后来修了直径约25米的两个同心石柱环，又被拆除；现在看到的巨石柱，是公元前1500年左右建造的。

巨石内环和外围沟、墙遗址，都有明显的方向性：它们在同一方向留有缺口，而这些缺口又正对着那块孤立巨石。200年前就有人发现，站在巨石圈中心向巨石望去，正是夏至这一天太阳升起的方向！进一步的研究指出，有的石头分别指向冬至日（12月22日）、5月6日、8月8日的日落位置；另一些石头又分别指向春分（3月20日）、秋分（9月23日）、2月5日和10月8日的日出位置。可以想见，早在4000年前已有了一年分为8个节气的历法，古人利用巨石阵来判断季节，这里是现存最古老的天文台！显然，巨石阵的建造还与原始的宗教祭祀有密切关系，因为仅仅为观察太阳升落的方向，不需要建造如此雄伟的建筑物。古代天文学和宗教迷信有非常密切的关系，这在中外历史上都是一样的。

关于巨石阵天文意义的研究，还有许多结果。有人发现其中月亮最南升起点和最北下落点的指向；有人甚至认为外圈56个坑是古人用来计算预报月食和日食的。由于巨石阵研究掀起的热潮，甚至形成了一门新学科——考古天文学，专门以史前和古代的天文遗迹、遗物为研究对象。

英格兰的盛夏并不炎热。含着潮气的风吹来，带有一丝凉意。天空阴沉沉的，空气清新，能见度格外的好，方圆10千米的景色清晰在目。巨石阵周围是大片茂盛的草地，上面点缀着一丛丛浅蓝、浅红和白色的野花。远处一片片树林显出黑绿色彩，由于停车场等建筑在低处，四周几乎看不到现代建筑，滚滚的浓云更带有几分神秘的气氛。小路边陈列着一串连环画式的图片，上面显示想象中古人建造巨石阵以及在这里祭祀、观测的图景，此情此景，更使人沉入无限的遐思。

法国1992年发行的邮票

原载《长江日报》1992年11月8日第四版

2300年前的秘鲁天文台遗址

从秘鲁首都利马向西北行约400千米，海岸沙漠中有一处分布约4平方千米的古代遗址，称为Chankillo。从谷歌地球的卫星图上（南纬9°33′40″，西经78°13′39″）可以清楚看到全貌。遗址的西北角小山顶上，是一个长约300米的近圆形城址。厚实而规则的双重城垣，结构复杂的门道，城中两个浑圆的建筑遗址，都给人以深刻印象。圆城向东南约1千米，一座南北方向的小山脊上，整齐排列着一行13座石块砌成的立方形塔，长达200米，尾部（南头）稍向西偏。十三塔的周围分布着大量城墙和建筑物遗址。这一组造型奇特的建筑，被认为是一个古国的礼仪祭祀中心，或可称为“圣城”。对建筑木料和种子、纤维等残余物的17组碳-14测年显示，他们存在于距今2350年~2000年前。

在卫星图上，十三塔像一条毛毛虫；鸟瞰的角度，则像一条恐龙的背棘（图1）。

图1　十三塔鸟瞰（左北右南面向东）

塔截面呈长方或近似长方的平行四边形，底部稍大，顶部平坦。每个塔的南北各有一个嵌入式楼梯直达塔顶，因此塔顶平面呈“工”字形。从侧面看，尽管山脊高度参差，但十三座塔的顶部连成一条光滑的弧线，被塔与塔的间隙整齐地分割。

图2 塔上的楼梯

最近，Ghezzi1 和 Ruggles 在 Science 上发表文章指出（Science，315卷1239页，2007），十三塔是2300年前古人用来观测日出以定日期的天文设施。

十三塔附近平面图如图3。细线是等高线，可以看出周边的地形。粗线是建筑遗址。

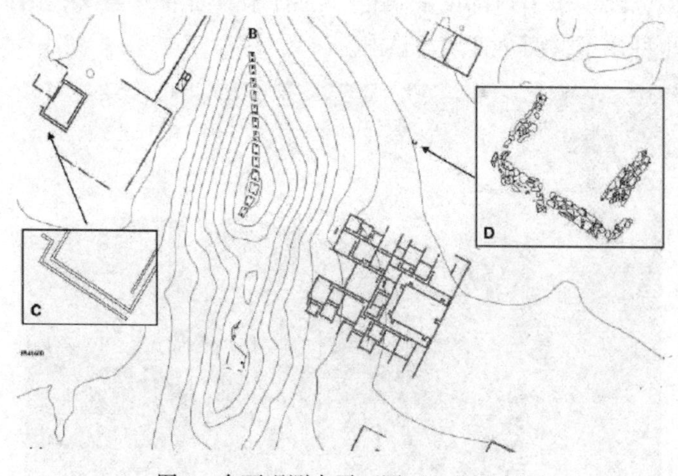

图3 东西观测点平面图（上北下南）

十三塔的西边 200 米开外，有两座院墙。东南院墙结构特别：南墙外有一条独立的走廊，其东南口朝向十三塔（图 3C）。这个门口与 Chankillo 别的门口结构不同，没有安装木门的痕迹。同时开口处发掘出陶器、贝壳、石器供品，也是别的门口所没有的。Ghezzi1 等估计献祭仪式通过这个走廊并且停留在其末端以观测十三塔，这个门口就是观测太阳的“西观测点”。从西观测点观看十三塔，形成一道齿状地平线，其北边与远山衔接。经测量这条“地平线”上的每个特征点（例如每个塔的底左、顶左、顶中、顶右、底右）的方位角和仰角，就可以计算出 2300 年前太阳经该点升起的日期。同时计算也经过实际观测的证实。

计算结果如图 4 所示：夏至时（公历 6 月 21 日），日出点在最北塔（塔 1）的北边；冬至日出在最南塔（塔 13）的塔顶。图中还标明了两至日的时间平分日（与天文学的春分、秋分略有差别）日出位置和轨迹。此外，在美洲原住民文化中，太阳经过天顶（这时太阳赤纬等于当地地理纬度）以及反天顶（这时太阳赤纬等于当地纬度的负值）的日子具有特殊意义，因此图中也标出了这两个日期的日出。

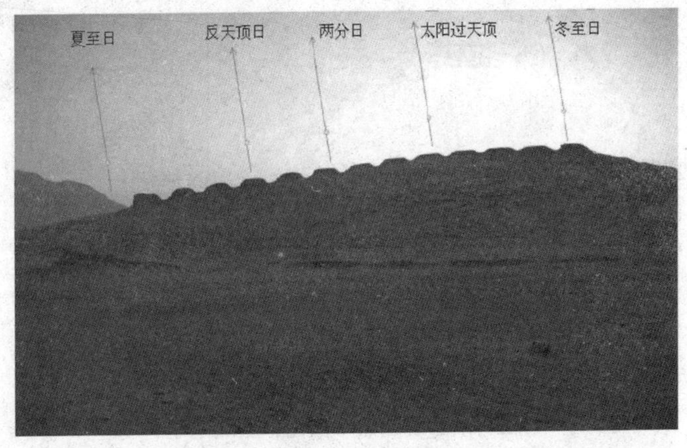

图 4　西观测点看到的太阳升起方向（左北右南）

十三塔东边约 200 米，有一座孤立的 6 米见方的房基残存(仅存三面墙基，图 3D)。Ghezzi1 等认为这里是“东观测点”。根据计算，从这一点所见十三塔和周年日落的情景如图 5 所示。图中可见，夏至日落在最北塔（塔 1）的北侧；冬至日落在最南塔的南侧（注意，由于塔列的南头稍向西偏，所以在东观测点上看不到最南头的塔 13 和南头两条塔间间隙，“最南塔”变成了塔 12)。此外，由图 3 还可以看到 Chankillo 建筑的另一个特点：几乎所有建筑的走向，都和冬至日出—夏至日落的方向一致。

美洲原住民文化有深厚的太阳崇拜传统。美国亚利桑那霍皮人的 Walpi 村、秘鲁库斯科以太阳神庙为中心的辐射线遗迹和“太阳柱”、墨西哥太阳金字塔都是著名的证据。因此，推测 Chankillo 的十三塔为“观象授时”的天文设施和太阳崇拜祭祀中心，是有根据的。

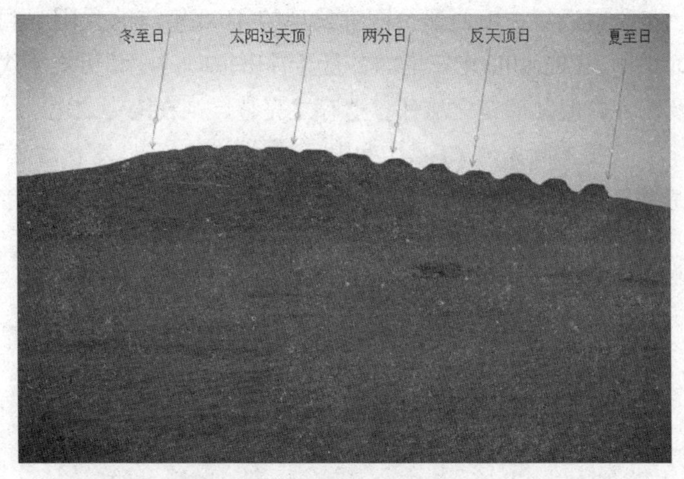

图 5　东观测点看到的太阳下落方向（左南右北）

十三塔的天文功能也还存在一些疑问。任何一个南北方向的类似建筑（例如北京附近的某段长城），都可以在它的东西边各找到一个观测点，严格地符合冬夏至的日出（只要刻度对称，两分点也不成问题）。因此问题的关键是这两个观测点一定要客观存在。Chankillo 的东观测点比较明显——它是一片沙漠中的孤立建筑（当然，如果是个“坛台”更好），西观测点就不够明显。从西观测点（图 4）看到，两至和两分点都偏北半个塔宽。如果将西观测点向南移 10 米，冬至、夏至和两分点都能恰好落入合适的位置。当然，这需要有实物的支持，例如在那里挖出一个坛台基址。

最大的疑问在于，塔列的南头为什么向西偏过去？从图 1 和图 3 显示的地形看，将十三塔造成一列直线并没有大的困难（只需将南头的地基垫高一些）。倘若南头真的是个悬崖，那到此为止也行（换个观测点即可），没必要向西拐弯。这一特点或许暗示，并不存在东观测点来观测日落？

与我国近年在山西襄汾陶寺发现的 4100 年前的太阳观测台遗址相比，Chankillo 十三塔的冬夏至日出指向精度和历史年代远不及陶寺，但其建筑之雄伟，遗存之完整，则在陶寺之上。

（图片均来自 Ghezzi1 和 Ruggles 在 Science 上发表的文章）

原载于《天文爱好者》2007－9，62 页～63 页。文图略有增删

夏商周断代工程

古文献中记载的西周王年

司马迁在《史记》中记载了夏、商、周3代的王世。夏代历11世17王；商代共17世31王。西周自武王克商至幽王，共11世12王：

武王——成王——康王——昭王——穆王——共王——懿王——孝王——夷王——厉王——（共和14年）——宣王46年——幽王11年。

《史记·十二诸侯年表》记载了自西周共和元年（前841）以后各王的在位年数，为中国历史建立起了准确的年代框架。此前的年代，即使作为皇家史官的司马迁，面对互相矛盾的史料，也无法得到可靠的结论。自那以后，历代学者力图将此记录向前推进，但得到公认的最早年代，仍然停留在共和元年。

先秦典籍中的信息极少。《左传·宣公三年》："成王定鼎于郏鄏，卜世三十，卜年七百"。《孟子·公孙丑下》："五百年必有王者兴，其间必有名世者。由周而来，七百有余岁矣。"《孟子·尽心下》："由文王至于孔子，五百有余岁。"《韩非子·显学篇》："殷周七百有余岁。"这些记载多模糊粗略，只能给出大致的范围。

《史记·太史公自序》："自周公卒五百岁而有孔子。"《史记》还记载了个别王在位年数：穆王55年、厉王37年、"成康之际，天下安宁，刑错四十年不用"。《太平御览》引版本不明的《史记》还有懿王25年、孝王15年之说。从西汉以后为四书五经所做的注释中，也可以看到有关的只言片语。

《汉书·律历志下》载有刘歆所作《世经》。其中有"上元至伐纣之岁十四万二千一百九岁”、文王受命后13年（武王）克殷、成王在位30年、成王元年命伯禽侯于鲁、“凡伯禽至春秋三百八十六年”，等等。通常认为刘歆所记年代并非史传，而是他根据某些史传天象历日记录，用他的《三统历》方法计算出来的。他确定的克商年代，在公元20世纪之前被奉为经典。

西晋皇甫谧作《帝王世纪》述远古以来历代历史。原书已佚，清人整理有辑本，其中有西周诸王年代，仅缺懿孝厉三代：武王7年、周公摄政7年、成王7年、康王26年、昭王51年、穆王55年、共王20年、夷王16年。皇甫谧的西周年代为后世广泛引用。皇甫谧远在司马迁之后，他所见到的真实资料应当远远不及司马迁，他的记载恐怕在一定程度上是“研究成果”，而不会完全是转述的古代记载。

北宋邵雍《皇极经世》载有完整的西周诸王年代。其穆王55年、厉王37年同今本《史记》，懿王25年、孝王15年同《太平御览》所引版本不明的《史记》，成王30年同《世经》，武王7年、康王26年、昭王51年同《帝王世纪》，其余来源不明，可能与凑足其采用的西周总年数281年（同《世经》）有关。北宋刘恕《资治通鉴外纪》也载有完整的西周诸王年代，与《皇极经世》的总年数及多数王年均同，唯共、夷、厉三王有些小出入。此后的文献如《通志》《文献通考》《通鉴前编》等多采用此两家的结论。显然，宋代学者获得原始信息的可能性更小。

西晋太康二年（281）出土的战国魏襄王（一说安厘王）墓中发现一批竹简，从中整理出的《竹书纪年》应该是《史记》之外涉及早期年代最重要的著作。可惜该书早已失传，现在只能从南北朝至北宋的一些引用中辑出一些原文，称为“古本”竹书纪年。古本中除了“自武王灭殷以至幽王，凡二百五十七年”“自周受命至穆王百年”“十一年庚寅，周始伐商”（此语出自新唐书历志，被认为并非竹书原文，而是唐代天文学家一行用计算方法得到的）的直接年代记载外，还有诸王纪事显示出他们的年代下限，如“成康之际，天下安宁，刑错四十年不用”、昭王19年、穆王37年（或曰47年）、夷王7年。

南宋以后出现的形式完整的“今本”《竹书纪年》，显然是较晚时代根据各种史书的素材编成。今本纪年载有西周每个王的即位年（元年）干支。今本纪年的年代安排与目前可见的古本记载相容，但将257年解释为克商后24年定鼎洛邑起算，以适合《新唐书》所引庚寅伐商之说。

原本的《竹书纪年》中很可能并没有逐个给出西周诸王的年代。王世年代是历史研究的基本的时间坐标，自司马迁之后，西周王年是个突出的历史缺陷，如果竹书有载，后世必会普遍引用。《帝王世纪》略早于竹书的出土，显然不如竹书权威。后世历代均热衷于引用《帝王世纪》，正说明竹书中并没有完整的西周年代。今本纪年编者痛感不能没有年代，才在他的时代做了一番研究，而这种研究找到新史料的可能性已经不大。

研究西周王年还可以间接地参照鲁公历代纪年。《史记·鲁周公世家》记载了伯禽以下各代鲁公的在位年：考公4年、炀公6年、幽公14年、魏公50年、厉公37年、献公32年、真公30年（真公14年周厉王奔彘，共和行政；真公29年宣王即位）、武公9年、懿公9年、伯御11年（周宣王32年伐鲁杀伯御）、孝公25年犬戎杀幽王（幽王11年）。这样，鲁公与周王的年代互相印证，并且大大早于周王（共和元年），唯欠缺第一代鲁公伯禽的在位年数，无法得出西周早期所缺失的年代。又“集解”引徐广曰：“皇甫谧云伯禽以成王元年封，四十六年，康王十六年卒。”这样就可以得到成王的起讫年为公元前1043年~公元前1014年。《汉书·律历志》所引《世经》完整地列出全部鲁公年数，但与《史记》所载有相当大的差异。

有关西周共和以前王年的文献记载杂乱而零散，各说不一，其中矛盾的地方很多。例如，武王克商后在位年数，就有2年、3年、4年、6年、7年、8年多种说法。产生歧见的原因之一是所据的文献记载不同，有的甚至同一文献中不同部分所述自相矛盾，不同书籍对同一原文的引用不同。例如《史记·周本纪》记厉王在位37年奔彘，但是《史记》齐世家、卫世家、陈杞世家的记载却与此不能相容，据分析应该在13年~24年之间。

歧见的另一个原因是对原本模糊的历史记载的理解不同。例如“自周受命至穆王百年”，有人理解为穆王元年；有人理解为穆王末年；有人据《尚书·吕刑》“惟吕命，王享国百年，耄荒”指出所谓百年只是作《吕刑》之年，并非特指始年或末年。

传世或出土的西周铜器铭文，也提供了一些年代的信息。许多铭文载有王年，这样就给出某王总在位年的下限。困难在于中国古代王（皇）号通常是死后追谥的，铭文时王称谓中往往看不出是哪一个王。研究者通过铭文所述人物、事件，铜器的形制、纹饰，出土的考古关系与古文献结合，研究它们所属的王世。个别铜器可以通过铭文确定王世，成为该王的“标准器”，其他的铜器可以与标准器比较。通过以上种种方法，可以对铜器进行相对的分期断代。利用它们确定各王在位年数的下限，配合文献记载，研究西周诸王的绝对年代。显然，这样的断代方法对于多数铜器具有一定的不确定性，因此通常都允许有上下一两个王的误差。对于较短的王世，这样的误差尤其严重。

现代考古学以遗址地层关系和器物演变关系为依据，与古文献所提供的如殷墟、周原、沣镐、燕地、晋地等关键地点结合研究。如果考古出土物有明确的文字，例如青铜器铭文记录，那当然有很大的、甚至是决定性意义。可是至今的田野考古工作还只能提供相对的时间范围，尽管有关的时间范围已经大大缩小，但指望考古学提供西周诸王的明确年代，还是不可能的。

文献中还载有一些天象记录，其中一些记载有理由相信是当时人们的观测实录，一些是稍晚的基本准确的追记。许多天象是有规律的、周期性的。因此，有些古代的天象可以用现代天文方法回算出，这就为历史学研究增添了一种有力的、探讨明确年代的方法。

原载于《从天再旦到武王伐纣——西周天文年代问题》第一章（世界图书出版公司，2006）

“天再旦”与西周年代

提要：古代奇特的“天再旦”记录为早期年代学提供了重要线索。理论研究结合群众性的实际观测证实，这是日出时发生的日食现象。分析结果表明，西周懿王元年“天再旦”实为发生于公元前899年的日食，这使得我国有确切纪年的历史向前推进了半个多世纪。

我国有五千年的悠久历史，但确切的纪年只能上溯到西周晚期的共和元年（前841）。这是司马迁在《史记》中的记载。再往前，他作为西汉史官也只能记下王世，搞不清具体年代了。在那以后的两千年里，历史学家一直致力于此，但未获得重大进展。随着文物考古、历史学和自然科学的发展，早期年代学研究有了新的契机。国家重大科研项目《夏商周断代工程》动员历史文献、古文字、考古、天文和理化测年等各方面的力量，力图在夏代、商代和西周的年代学方面有重要的突破。

“懿王元年天再旦于郑”，是《竹书纪年》中一条颇为奇特的记载。“天再旦”是一种什么现象，古人似乎并未加以研究。刘朝阳于1944年指出，这是日出前发生的一次日全食。日出前，天已发亮；这时日全食发生，天黑下来；几分钟后全食结束，天又一次放明。这一过程颇似竹书中记载的天再旦。此说一出，即受到广泛注意。由于某一地点发生日出时日全食的机会不多，因而可以由天文方法来寻找这次日食。懿王在共和之前4代，所以懿王元年的定位可以使中国古代年代学有重要的进展。

天再旦记录的流传，也是颇为奇特的。竹书被西晋时盗墓贼于河南汲县战国魏襄王墓中发现，由当时著名学者整理成书，《纪年》便是其中之一。《竹书纪年》是我国最早，也是最重要的古代史书之一，却不幸失传，到宋代时，就只能从其他书籍中集出其中只言片语了。天再旦一条最早的来源，出自唐代司天监官员，印度裔天文学家瞿昙悉达所著《开元占经》的引用。《开元占经》本是朝廷密籍，严禁外传，到宋代已经渺无声息，却于明代在古佛腹中发现。因此，这条奇特的记载，更是蒙上一层神秘的色彩。

自刘朝阳以后，不少中外学者对此进行了研究，提出各种各样的看法，但未能有公认的结论。综观前人的工作，我们以为，对于日出时日食（天文学称为带食而出）所造成的天光变化，尚缺乏理论表达和实际的验证。日出前后发生的日全食究竟是什么现象，并无科学、完整的报告。将天再旦认为日食，只是一个巧妙但缺少证据的假设。对于古代日食的计算，我们不但需要算出每个地点的时间——食分（太阳直径被遮挡的比例，例如1．0是全食）过程，还需要计算出这一过程中的天光变化和视觉感受。我们的工作首先围绕带食而出的天光变化的理论和实测这两方面进行。

首先来考虑一个正常日出过程的天光亮度变化。除了气象因素外（先考虑晴天），天光显然是随太阳的地平高度而变化的（随时间的变化是从属性的）。由于大气散射，当太阳还在地平线以下时，天空即开始发亮。这是一个复杂的过程，很难用理论来准确地定量地表达。因而我们对日出时的天光亮度进行了实际测量。测量显示，晴天时天光亮度与太阳高度的关系十分确定，它可以公式来表达。实测还显示，阴天时，视云层厚度，天光亮度通常为晴天的20%至30%。

由天文方法，对于每次日食，可以对于任一地点计算出任意时刻的食分及日面光线亏损。在正常日出的基础上叠加日食亏损，就可以计算出每次带食而出的日食，在任一地点的天光随时间的变化过程。

在计算出天光亮度之后，还必须考虑人眼的视觉感受，即视亮度。视觉光学认为，一般情况下，视亮度与亮度的对数成正比。但是在微弱光线下，这一关系显然是不成立的。按照对数关系，光线越暗，视觉对亮度的分辨力越高；而实际上在光线很暗时，分辨力也变得很差，以至全无感觉。在光学经典著作中，列有亮度——分辨力关系的统计数字。以这些基本数据为视亮度的基本单元，经过积分并选取适当的边界条件，就可以得到视亮度与亮度的转换关系。这一数学表达式在明亮光线下，的确是对数关系。经过转换的日出时天光增亮，呈现出先缓后急再缓的过程，完全符合视觉实践。

这样，我们就可以计算出任何一次日食，对于任一地点的天光视觉亮度随时间的变化过程。

与理论分析同时，我们十分需要系统的实际测量，来验证我们的理论，来说明带食而出究竟给人们带来怎样的感受，看看“天再旦”的范围究竟有多大。为此，必须组织一次多地点同时进行的观测。计算结果表明，我们最佳的机会在 1997 年 3 月 9 日，全食带西端在我国新疆北端与俄、蒙、哈三国交界处(20 世纪末以前另外 4 次日全食，其相应位置都在大洋之中)。

为此，我们在新疆北部组织了一次群众性的观测。观测地点北起阿勒泰，南到阿克苏，西至哈萨克斯坦的帕夫洛达。在这些地点，日食的食分不同，食甚时太阳的地平高度不同。如果有不同的天气，就可以得到完整的三维结果。同时我们还设计了利用照相机自动测光装置测量天光，以便得到客观资料。

在天文爱好者和当地居民的积极帮助下，观测取得圆满的成功。我们共收到60人从18个地点寄来的35份报告，同时还包括不同的天气状况，比较全面地反映了带食而出时天光的变化情况。下面摘要给出一些例子：

1. 阿勒泰（食分0.998）市区，晴天。由于东方有山，不能看到日出和日食。8:30,天色已亮，8:41天色突然暗下来，早已消失的星星出现在天空，持续三五分钟又转亮。观察者说，有一种喘不上气的感觉，心里感到很沉很沉；有一种阴森森的感觉；心里感到很压抑……市区以南30千米，大雾。由于市区环山，而这里视线开阔，因而自治区科协组织队伍在此观测。大雾不见天日，能见度很低。凭感觉8：30日出。8：32天空开始变暗，8：38渐渐变黑。8：40最黑，加上大雾，能见度只有10米，最黑持续1分钟。然后转亮，8：46已经大亮。许多中学生记录了天色突然转黑的时间。测光显示，8：42最暗时亮度只有7分钟以前的百分之一。富蕴（晴，食分0.988）、哈巴河（大雾，食分0.999），与阿勒泰相似，有强烈的天色转暗现象。

2. 塔城（食分0.97）晴天，海尔-波普彗星明亮（亮度约0等）。8：00东方微露白。8：10东方有云，露红色，渐向上染，渐可辨人，星渐隐。8：20彗星隐。8：30地平线下光线射出。感到朝霞有些异样，远没有那种应有的热情和炽亮。8：35明显感到天变暗了，黎明朝霞竟转换成夕阳晚照一般，太阳光芒在收敛，亮橘色变为暗红色，铁灰色，天顶淡淡的红意在消退，稍现白色的西边天区也暗了下来。8：38已隐没的海尔-波普彗星突现于东北天际，以匕首般的光刺挑破天穹，经2分多钟。8：45起，天色云霞又渐渐由红转黄，由暗变亮，所有星星彻底隐没。8：53 日出东山。

3. 乌鲁木齐（食分 0.93）晴。8：30 左右觉得天比较昏暗，好像持续不亮，东方天空暗红色。8：35 见到太阳，被食 90%。8：45 以后天光迅速变亮。测光显示 8：25 ~ 8：32 亮度不增加。此外，奎屯（大雾）、克拉玛依（晴）等地也有类似先持续不亮，然后迅速变亮的感觉。阿克苏、霍城、博乐、哈萨克斯坦帕夫洛达等地，由于食甚在日出前半小时以上以及食分较小等原因，均报告无异常现象。

从收到报告的地点来看，我们的观测地点覆盖了日出前后发生日食的各种情况，尤为可贵的是，同时有不同的天气状况，因而获得了相当全面的三维的观测结果。由报告内容可见，阿勒泰，富蕴，哈巴河等地有强烈的天再旦感觉。尤其是阿勒泰市区东方有高山，市区以南 30 千米处有大雾，这些地点实际上看不到日食，只是经历了明显的天亮，变暗，再变亮的过程。如果没有日食预报，这样的现象确实是令人惊异的。塔城的天再旦过程借助彗星和恒星的再现而引人注目，但不注意观察，则不很明显。其他各地由于食甚发生在天色迅速变亮时或天色很暗时，实际上几乎不存在或难以察觉转暗的过程。需要指出的是，如果日食发生在日出以后（这时天色较亮并且变化较慢），即使较小的食分也会产生天色转暗的现象。

下图给出理论计算得到的上述几个地点日出前后的天光视亮度变化过程。横坐标是时间，每格半小时；纵坐标是天光视亮度。与上面的观测感受比较，两者完全相符。观测报告证实了理论计算的正确性。这样，我们就可以计算古代日食的天光视亮度，从而确定有无与“懿王元年天再旦于郑”相合的机会，以至于确定周懿王元年的确切年代。

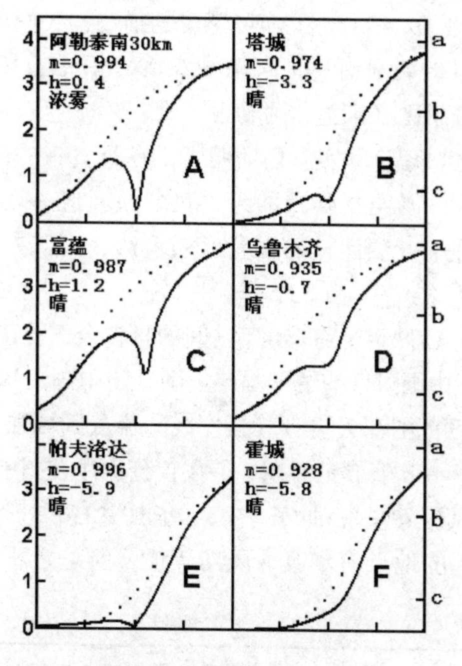

理论计算的天光变化

从理论计算和实际观察中看到，天再旦的现象体现在天光上升过程中（旦）的转暗，再转亮（再旦）。转变的过程不能太慢，那样就不易引起注意。时间也不能太晚，那样与“旦”就没有关系了。为了定量说明天再旦现象的天文条件，我们选用10分钟内的视亮度下降量来表述其程度（再次上升过程不必考虑，因为它总是比下降过程强烈得多）称之为“天再旦强度”。同时，食甚时太阳高度以 10°为限，因为这时已是日出后 1 小时，再晚就无法与天明（旦）过程相联系（正常天光在太阳高度达到 5° ~ 8°后已经变化很慢，因此我们在 5° ~ 10°之间做一个线性衰减）。

我们算出塔城的天再旦强度为 0.09，富蕴为 0.83，阿勒泰

(大雾中）为 1.0。结合上文实际感受的描述，我们称强度在 0.1 以上为天再旦的明显有感区（塔城 0.09，正处于其边缘），0.5 以上为强烈有感区（富蕴，阿勒泰）。

总而言之，理论和实测均证明了，在日食带的西端点附近，可以看到明显的乃至于强烈的天再旦现象。这一现象的范围和强度可以用理论方法计算的视亮度来表达，而该方法已得到实际观测的证实。

将公元前 1100 年至前 840 年之间的日食全部算出，并将日食带西端点位于中国附近的情形画在下图。图中画出每次日食的中心带西端 10 度范围和天再旦等强度线。疏点区域强度 > 0.1，密点区域 > 0.5。每次日食的日期、最大食分也注在图中。图中还用黑点标出了凤翔（左)、西安（中)、华县（右）3 个地点。史学界对于“郑”的地点有华县、凤翔等说，但总之不出西周京城（西安）附近。

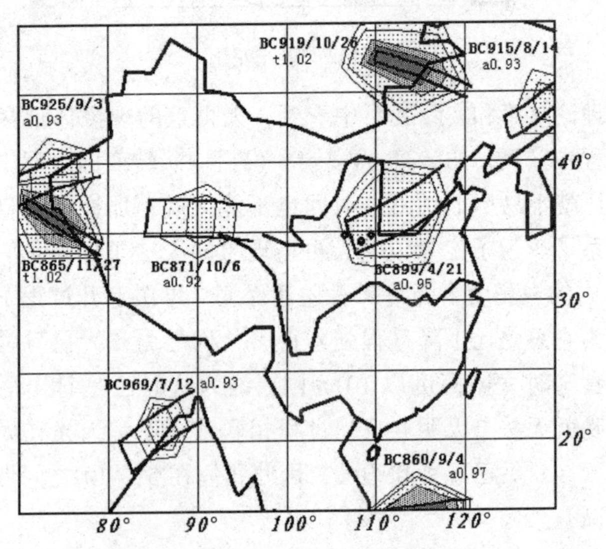

公元前 1000 年～前 840 年的天再旦现象

从图上可见，唯一适合条件的是公元前 899 年 4 月 21 日的一次日环食：华县（北京时间）6：12 日出带食 0.83，6：20 食甚 0.953，7：24 复圆（这时太阳高度 14°），天再旦强度 0.24。凤翔的情形相似，强度 0.1。这两地都比 1997 年 3 月 9 日塔城的天再旦感觉强。

需要说明的是，对于 3000 年前的日食计算，存在一定误差范围。这使得日食带和天再旦区域在地图上向东可以有 18 度的平移。这样，公元前 871 年 10 月 6 日的日食也能在郑地产生天再旦现象，但这一结果为史学证据所不容。

中国历代有史官观察并记录天象的传统。商代甲骨卜辞证实，这一传统，当时已经形成。当时史官能够认识日食，也是可以肯定的。综合各方面的情况来看，在周初时，王者身边有史官（巫卜）随侍，注意观察天象与气象，进行卜祭与记载。自然，他们对日月食、风云之类的现象是熟悉的（当时还不能预报日月食）。就天色突然变暗这一现象而言，食分很大的日食、沙尘暴、很浓厚的乌云、遮天蔽日的蝗虫等现象都可能引起。对于一个专事观察天象的史官，甚至对于普通的人，这些现象都是不难识别的。记作天再旦，自然有他的困惑。因而，阴云掩盖或山岭遮蔽的日食，是天再旦最合理的解释。这一点，我们在阿勒泰所进行的实地观察做出最好的说明：对于一个注意观察天空而又未得到日食预报的人，这一现象的确是震撼人心的。

历代天象记录，极少有言及观测地点的。这是因为这些记录来自史官，而史官随侍王侧，其地点在京城则不言而喻。据今本《竹书纪年》记载，穆王以下居大郑宫。因为当时天子不在京城，所以史官在记下天象以后，特别注明地点“郑”，这也给我们更多一点信息。

由以上分析，我们可以断定，天再旦是公元前 899 年 4 月 21 日懿王的史官在随王居住郑地期间，早晨例行观察天象（尤其是东边日出方向）时发现的（当时王不居京城，所以特别书明地点）。由于当时天再旦现象不是很强烈，普通人即使发现，也不会引起太大的震动。但是对于每天专职观察日出的史官，我们由理论和实践证明的这样明显的异象，就足以引起惊恐，继而报告天子，载诸史册了。

原载于上海《科学》杂志 1999－6，vol. 51，33 页～35 页。图文略有调整

武王伐纣访谈录

最近，《夏商周断代工程》发表了成果报告和新的夏商周年代表。这一成果打破了我国早期年代学两千年来的僵局，把我国有确切纪年的历史向前推进了一千余年。在这项工程中，现代自然科学如考古学、天文学、碳 14 测年都起了重要作用。最近我们独家采访了中国科学院陕西天文台研究员刘次沅博士。《断代工程》的关键结论——武王伐纣年代就是由他在史学、考古学最新成就的基础上用天文方法研究得到的。

问：请您对《夏商周断代工程》的成果做一个大致的评价和介绍。

答：我国有五千年的悠久历史，但确切的年代只能上溯到公元前 841 年，也就是西周晚期的共和元年。这是公元前 1 世纪司马迁的记载。再往前，作为皇家史官的他也搞不清楚了。历代历史学家为此付出了不懈的努力，但一直未能突破。现代科学的发展和出土文物的大量积累，使得这一问题的研究有了新的契机。社会科学与自然科学全面结合，200 余位专家经过 4 年多的通力合作，得到阶段性成果，提出了新的《夏商周年表》。这一年表给出了西周共和以前 10 个王的具体年代、商后期 12 个王的大致年代。至于夏代和商前期，考古发现和历史文献目前还不能有效连接，我们只能给出夏朝（前 2070）和商朝（前 1600）起始年的大致年代。

问：天文学让人感到神秘，它在年代学中能起什么样的作用呢？

答：由于生产生活的需要（主要是判断季节和制定历法）

和迷信占卜的需要，古人十分重视观察天象。早期文献中常常有天象记载。天文学家对天象规律的分析往往能帮助历史学家领悟出文献的真实含义。更重要的是，许多天象，例如日月食、行星位置、某些恒星现象，可以用现代天文学方法推算，求出发生这种现象的时间。这其中有两个重要问题：其一，古代文献记载通常模糊可疑，需要历史学家对它的解释、校勘、可靠性做出大量工作；其二，天文现象是周期性地反复出现，史学家必须把年代限定在一定的范围之内。古埃及年代学依赖于天狼星偕日出记录和对当时历法的研究，巴比伦年代学依赖于金星出没记录和当时历法。《夏商周断代工程》中，由甲骨卜辞中五次月食记录得到商王武丁年代，由各种天象、月相记录得到武王伐纣年代，由“天再旦”日食记录得到懿王元年，以月相记录为依据得到西周列王年代，是整个夏商周年表的重要基础。当然，它们都是在和史学方面的共同努力下得到的。

问：我对武王伐纣的认识大多来源于电视剧《封神榜》。为什么说武王伐纣是最重要和最困难的问题？

答：夏、商和西周共一千多年，真正能够仔细讨论年代的还是商后期到西周。这段时期最重要的历史事件就是武王伐纣，有关文献记载最多的也是武王伐纣。商后期的实物资料以甲骨文为主，而西周则以铜器铭文为主。武王伐纣正处于两个体系的中心连接位置，因此我们说，它是夏商周断代工程最重要、最关键的问题。关于武王伐纣年代的历史记载相当多，大致分为直接或间接的年代记录和有关天象的记录。这些记载多是后世的追记，含糊不清、互相矛盾甚至自相矛盾是普遍现象。不同的取舍、校勘、解释、演绎就会导致不同的结果。自西汉刘歆以来不断有人研究这一问题，到了近代更是百家争鸣。据断代工程一个专家小组的整理统计，在公元前1127年～公元前

1018年之间，竟有44种年代结论，这还不包括那些同年不同月，以及由相互矛盾的根据得到同一年的情况。说实在的，这些互不相同的结论绝大多数都有一定的道理，相当多是史学界权威泰斗的结论，有的甚至是学者终生心血的结晶。但是，最终的选择只能是一种。《中国青年报》有篇文章说这是“残酷的排除”，的确如此。从这个角度说，武王伐纣年的确定是《夏商周断代工程》最困难、最敏感的任务之一。

问：您是怎样由天文方法得到武王伐纣的年代？

答：我们以为，面对众多的互相矛盾的天象记录和对它们的不同解释，不可轻易地、先验地进行筛选，而是要对它们做全面的讨论。我们称之为“并联”式的研究。在历史学家对文献所作先期工作的基础上，多做比较，找出能够符合最多文献的“最优解”。在《尚书·武成》中记载了武王伐纣的日程。其中有若干日期记载了月、日（干支）和月相（月亮盈亏的形状），这样就有可能通过计算月相找到与此相符的日期。最大的困难在于用“生霸”“死霸”表示的这些月相词，它们的含义两千年来一直有争议，而这些词的含义又是西周列王年代和武王伐纣年代研究不可回避的基础。断代工程有两个专家小组专门研究这一问题，从古代文献和天文现象两方面得到了相同的结论。另一方面，考古学家在西安西郊沣镐遗址上找到了先周到西周早期的遗存。碳14测定的结果指出，武王伐纣应当在公元前1050至公元前1020之间，大大压缩了可能的范围。在此基础上，我们对《武成》记载的伐纣日程进行了分析，再加上各种文献中关于伐纣在冬季的记录和暗示，在上述年代范围内得到5组~6组与之相符的年代日期。据《国语》记载“岁在鹑火”，即当时木星在鹑火星座。这样就得到武王灭商之日在公元前1046年1月20日的结论。

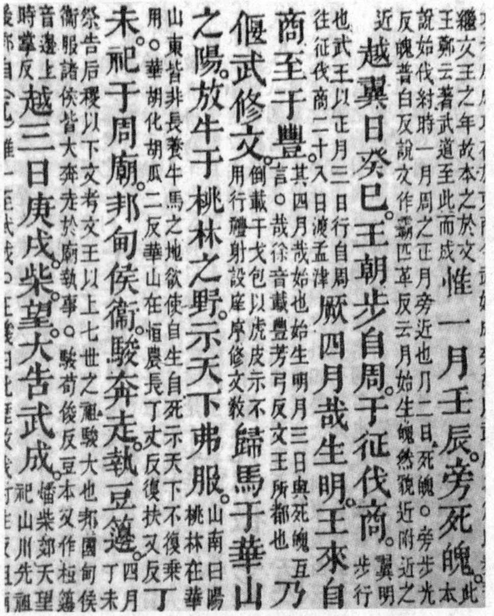

繼文王之年故本之於文王鄭云著武道至此而成
惟一月壬辰旁死魄。此太
說始伐紂時一月周之正月旁近也月二日死魄。旁步光
反魄普白反說文作霸匹革反云月始生魄然貌近附近之
近
越翼日癸巳。王朝步自周。于征伐商。翼明步行
也武王以正月三日行自周往征伐商二十八日渡孟津
厥四月哉生明。王來自
其四月哉始也始生明月三日與死魄五言。哉徐音載豐芳弓反文王所都也
商至于豐。乃
倒載干戈包以虎皮示不用行禮射設庠序修文教
偃武修文。歸馬于華山
之陽。放牛于桃林之野。示天下弗服。山南曰陽桃林在華
山東皆非長養牛馬之地欲使自生自死示天下不復乘用。華胡化胡瓜二反華山在恒農長丁丈反復扶又反丁
未。祀于周廟。邦甸侯衛。駿奔走。執豆籩。四月丁未
祭告后稷以下文考文王以上七世之祖駿大也邦國甸侯衛服諸侯皆大奔走於廟執事。駿荀俊反豆本又作梪籩
音邊上時掌反
越三日庚戌。柴望。大告武成。燔柴郊天望祀山川先祖

《武成》记载的武王伐纣日程

问：关于武王伐纣不是还有很多其他天象记录吗？公元前1046说也能满足这些记录吗？有没有不符合的呢？

答：公元前1046说不但满足《武成》历日和“岁在鹑火”，对其他绝大多数天象历日记录也有很好的解释。例如《利簋》铭文有甲子日岁星在鹑火和岁星中天两种解释，《淮南子》有行军时“东面迎岁”，《国语》有日、月、星所在星座，《史记》《尚书》中还有伐纣的其他历日，都和公元前1046说能够符合。天象记录还有月食、五星会聚，也都能找到适当的对应。当然也有个别记录不能相符。例如戊午渡孟津，《史记》说在十二月，《泰誓》说在一月，我们认为应当在二月；《逸周书》有一段与《武成》非常相像的记载，但头两个干支日却不同，史学家只好认为它是错误；《淮南子》记载伐纣时遇到洪水，也和大多数文献所显示的冬季相矛盾；多种文献记载"五星聚房（星座)"，计算却得到五星聚井（星座)。最大的矛盾在于，《竹书纪年》记载武王伐纣到幽王257年。以公元前770年平王东迁计算，伐纣应是公元前1027年。但该年既不符合天象月相，又不能与工程所定西周列王相容。

在我们用天文方法得到公元前1046的结论后，断代工程史学方面又为它找到两条独立的证据：一方面通过文献记载周文王在位年与史料记载的公元前1065年月食相符；另一方面通过武王在位年与武王之子成王年代连接。公元前1046说因为与最多的文献相符并与断代工程得到的前（商后期)、后（西周列王）年代相容，被定为夏商周断代工程武王伐纣年代的结论。

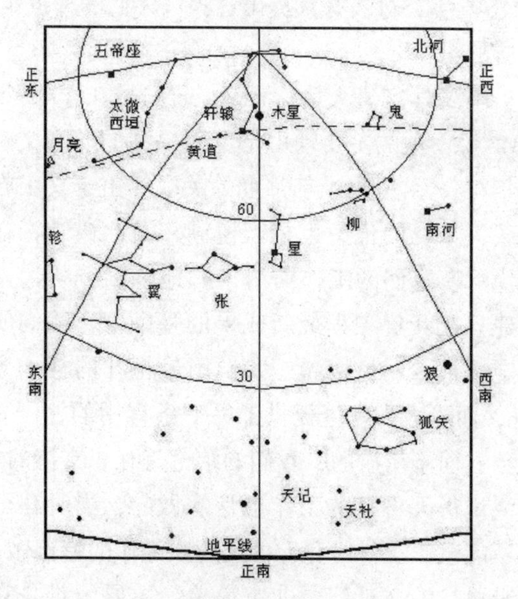

克商日子夜的天象

问：两年前许多报纸报道了武王伐纣年代研究的成果，记得是公元前1044年。这次断代工程公布的是公元前1046年，怎么变了呢？这两者相差仅仅两年，能否认为基本相同？

答：关于武王伐纣之年，断代工程内部不同的研究小组提出了若干不同的结论。经过综合研究和考虑，断代工程首席专家和专家组认为公元前1046说符合最多的文献，与断代工程其他专题得到的结论有良好的衔接，因此采用为正式结论。公元前1044说最大的问题在于它对于月相词的解释不为史学界接受，其结论与断代工程的其他部分的结论相抵触。公元前1046和公元前1044两说虽然只相差两年，但是它们对史料的基本解释和理解是截然相反的，因此不能认为基本相同。

问：您提到武王伐纣的年代过去有44种结论。那么您提出的公元前1046年，过去有人提出过吗？你们的根据是相同的吗？是互相矛盾的吗？

答：美国汉学家班大为（Pankenier）早在1982年就提出了公元前1046说。他的主要理由是上面提到的通过文献记载的周文王在位年与公元前1065年月食的关联。由于文王在位年文献有不同记载，月食的记载也相当模糊，因此该结论在众说纷纭中并不占优势。我们的工作前所未有地全面分析讨论了各种天象记录并建立在断代工程最新成果的基础上，我们所依据的资料的不确定性最少。可以说，我们用最粗壮的柱子支起了公元前1046说，而班大为先生提供了另一条有用的柱子。我们的根据是互相独立而不矛盾的，我们的结论是互相支持的。

问：我记得天再旦的工作也是您做的，当时在全国很有影响。您能不能就武王伐纣和天再旦两项工作的特点做一个比较？

答：天再旦的文献记录非常简单，主要困难是它究竟是不是日食和怎样量化表达。我们先从理论上研究日出时日食造成的现象和计算方法，再通过实地观测证实了理论方法：日食确实可以造成天再旦现象。懿王元年的可能范围只有30来年，天再旦现象在特定地点发生的概率是500年一遇。我们恰恰在这30年中找到了唯一的一例，这对“日食说”也是一个有力的支持。“武王伐纣”正相反，记载相当多，加上不同的解释，头绪万千。我们只能是在史学研究的基础上，考虑最合理的解释，符合最多的文献（既然文献之间有矛盾，当然就不可能符合所有的文献）。您从我们发表的研究论文上也可以看到两者有趣的区别：天再旦的图多，武王伐纣的表多。前者研究一个物理过程，需要许多图来形象地表达；后者描述各种天象的周期性规律，需要许多表来列出计算结果。最终，两者都要依赖史学方面对文献的研究考证，都要符合当时的社会状况和观念的背景，都要依赖现代天文计算方法和计算机技术给我们带来的极大便利。

推算 3000 年天象，解开中国史谜团

翻开《辞海》的附录，中国历史年代表从公元前 841 年（共和元年）开始。再往前的历史，一代一代的帝王历历可数，直溯夏朝建立，但是具体年代就不得而知了。这是公元前 1 世纪伟大的历史学家司马迁在《史记》中留给我们的记载。更早的年代，他作为皇家史官也搞不清楚了。两千年来，历代历史学家耗尽心力，也未能使这一问题有突破性进展：早期的有关文献互相矛盾，难以得出一致的结论。

现代科学的发展，使得解决这一难题有了新的转机。现代考古学的创立，使得对古代遗物和古代遗址的研究走上了现代科学的道路。碳 14 测年方法的发明，使得我们能够通过测定木头、骨头等有机质中的放射性碳元素而得知它们的生成年代。现代天文学和计算机技术的发展，使得计算 3000 年 ~ 5000 年前的行星位置、日月食等天象有了相当的把握。另一方面，近百年来，尤其是中华人民共和国成立以来，古代信息有了大量的新发现：安阳殷墟和周原甲骨文字、史前以至西周时期的大量遗址、新出土和新收集到的商周铜器铭文。这一切都孕育着我国远古年代学研究一场巨大的革命。

1996 年，国家启动了重大科研攻关项目《夏商周断代工程》，来自历史文献、古文字、考古、碳 14 测量、天文等不同学科的 200 位专家参加了这项工作。在断代工程的 44 个专题中，15 个为天文专题或以天文为主，它们贯穿在夏、商、周 3 代之中。

100 年前，一位著名学者在生病吃药时偶然发现，在一味名

为“龙骨”实为龟甲牛骨的药材上竟然有纤细整齐的文字刻画。进一步的调查发现，这些甲骨片来自商朝后期的首都安阳，上面的刻画正是当时宫廷巫师记下的占卜内容。100年来，已有10多万片有字甲骨出土。甲骨文是我国历史上最伟大的考古发现之一，它证实了古籍记载的商朝的存在，并为商代历史的研究提供了大量的信息。

甲骨卜辞中有一些天文内容，其中有一组5条月食记录。这些记录载有月食发生的日期干支而没有年和月。从出土情况和前后文以及其他史学信息来看，它们应该发生在商代武丁王时期的几十年中，时间大约在公元前12世纪至13世纪。天文学家计算出发生在这些干支日，安阳地方能够看到的所有月食，它们存在许多种组合。史学家的进一步研究排出了这5次记载的先后顺序，并证实“己未夕皿庚申”指月食发生在乙未日晚上到庚申日凌晨之间。这样，就对这一组月食有了非常严格的限定。天文计算发现了唯一一组解：

癸未夕月食	公元前1201年7月12日
甲午夕月食	公元前1198年11月4日
己未夕皿庚申月食	公元前1192年12月27日
壬申夕月食	公元前1189年10月25日
乙酉夕月食	公元前1181年11月25日

这一组月食的确定对武丁王在位年代的确定起了决定性的作用。根据月食时间和其他史学信息，《断代工程年表》中将武丁王定在公元前1250年~公元前1192年。这为商后期一系列王的年代确定也提供了一个重要参考点。

此外，专题组还对其他卜辞日月食记录进行了甄别和研究，否定了著名的“三焰食日”记录，对另一组日月食也得到年代学结果。天文学在这一专题的研究中起了决定性的作用。

武王伐纣是商周两代的分界点，是中国历史上的一个重要事件。经过《封神演义》等文艺作品的渲染，姜子牙辅佐周武王战胜昏庸残暴的商纣王的故事更是家喻户晓，许多故事甚至成为常用的成语典故。不少古代文献中有关于这一事件的记载，其中不少是天象记录，但多是几百年后的追述，而且普遍存在文辞简略，含义不清，文献可疑，互相矛盾等问题。对文献的不同选取、解释、推论，就导致不同的年代结果。历来的研究，在100余年范围之中，竟有44种结论。因此，武王伐纣的年代成了中国历史的重大疑案，也是《夏商周断代工程》的关键点。

月食卜辞

“旬壬申夕月有食”

与武王伐纣直接有关而且比较可信的文献有以下几种：1.《尚书·武成》中记载了武王伐纣过程的月日和相应月相。例如：一月壬辰旁死霸，次日武王出发；三月既死霸以后的第五天是甲子日，这一天消灭商纣王。2.《国语》中记载武王灭商时的天象：“岁（木星）在鹑火（相当于现在的狮子座），月在天驷（天蝎头部），日在析木之津（天蝎尾部到人马座）……”。3.在1976年陕西临潼出土的西周早期铜器“利簋”中有铭文“武王征商，惟甲子朝，岁鼎克闻夙有商”，证实了灭商在甲子日的文献记载。岁鼎一语难以理解，通常被解释为岁星正当(鹑火)。此外，还有纣王时五星（五大行星）聚于房（天蝎头部）、周文王三十五年正月丙子月食、武王伐纣时见到彗星、东面迎岁星等记载。

“夏商周断代工程”为武王伐纣这一关键年代设立了若干专

题。考古专题组在西安西郊沣镐遗址找到了自先周到周初的遗迹堆积。经过地层、器形、纹饰考证和碳14测定，确定武王伐纣应在公元前1050年~公元前1020年之间。通过对铜器铭文、古代文献和天文现象的深入研究，确定了对月相术语的解释（详见下文铜器铭文）。这样，就为最终用天文方法确定武王伐纣日期铺平了道路。

《尚书·牧誓》记载，武王率师于甲子日凌晨布阵于商郊——牧野，作“牧誓”历数纣王罪恶，动员三军。这是想象中当时星象，岁星在鹑火并于子夜中天。

由于干支和月相的循环特性，符合《武成》历日月相的时间，在指定的30年间有5次。由于木星近似12年的会合周期，

“岁在鹑火”每12年一次，再考虑到古籍提供的其他信息，找到唯一相合的一例：公元前1047年12月20日（一月壬辰），武王自周都（今西安市）出发，公元前1046年1月14日（二月戊午）在孟津渡过黄河，1月19日（二月癸亥）陈兵于商都朝歌（今河南淇县）的郊外牧野，1月20日（二月甲子）经过一场大战，消灭了商朝大军，纣王自焚而死。这一结果与各种历史信息契合，因此被《断代工程年表》采用。

西晋时期，盗墓贼在河南汲县挖开了一个古墓，墓中有大量的竹简。经过当时著名学者的精心研究，由这些竹简整理出几部书，其中之一是自上古至战国魏国的历史书，后世称为《竹书纪年》，这个古墓也被考证为魏襄王墓。《竹书纪年》中的许多内容是过去所不知道，或与过去说法不同，因此它是古代最重要的史书之一。《竹书纪年》中记载了一条奇怪的事件：“（西周）懿王元年天再旦于郑”。郑是距离首都不太远的周王行宫所在地。随王侍驾的史官究竟在那里看到了什么怪事，历来无人能够解释。直到50年前，学贯中西的刘朝阳先生指出，“天再旦”其实是日出时发生的日全食：日出前天已大亮，此时全食发生，天空骤然变黑，全食后再次放亮的天空犹如“再旦”。由于日食是可以计算的天象，此说为确定懿王元年的年代提供了希望。由于对“日食说”缺乏全面的理论研究和实践证明，历史学家和天文学家提出了六七种结果，相持不下。

断代工程“天再旦”专题组首先从理论上认识到，“天再旦”实际上是日出时天光变化、日食时天光变化和亮度到视亮度的转换这三个过程的合成。他们首先研究和实测了不同天气情况下日出时天光亮度的变化，发现由太阳地平仰角可以相当准确地计算出天光亮度。另一方面，由视觉光学的理论和统计数据推导出由亮度到视亮度的转换公式。再加上天文学计算日食地点、过程和亮度变化的理论方法，就可以计算出每次日食在地球表面上哪一地区造成天再旦现象，强度有多大。

理论计算需要实践的检验。计算表明，1997 年 3 月 9 日日食，新疆北部能够发生天再旦现象，这是 10 年之内我国境内唯一一次机会。由于需要在尽可能多的不同地点进行观察，专题组与新疆的天文爱好者进行了联络。乌鲁木齐、石河子、塔城、阿勒泰、富蕴等许多地方的爱好者积极参加了这一活动。事后，专题组收到了 60 多位朋友从 18 个不同地点寄来的 35 份报告，完全证实了理论计算。例如阿勒泰市区（食分 0.998）东边是高山，日食的全过程都看不到。但在食甚时候，本来已经大亮的天空突然变黑，早已隐没的星星重又出现在天空。富蕴中学的几百名学生在老师的组织下观看日食。食甚时太阳还在东边山后，大亮的天空顷刻变黑，有“云横秦岭”的感觉。本刊 1997 年第 3 期刊登了来自塔城的详细报告。

理论计算搜索了公元前 1000 年 ~ 公元前 840 年之间全部日食和他们所形成的天再旦地区。计算表明唯一的对应是公元前 899 年 4 月 21 日日食。这一结果还得到史学方面其他证据的支持，为《断代工程年表》采用，成为建立西周列王年代的重要支撑点之一。热情的新疆天文爱好者对此做出了重要的贡献。

西周共和元年（前 841）之前有 10 个王。他们在位的具体年代，除了有文献记载的零星的线索外，还有一团难以解开的乱麻把他们联系在一起，这就是铜器铭文。我们常常在博物馆看到周代的青铜器，那是当时有权有势者身份的象征。这些铜器上往往铸有铭文，说明器主人的功绩和周王赏赐他的情景。有的铜器铭文还有年、月、日和月相，如果能在用天文方法计算出的月相历日表上将现已发现的 60 余个“四要素”俱全的记载安排妥当，西周列王的年代就建立起来了。

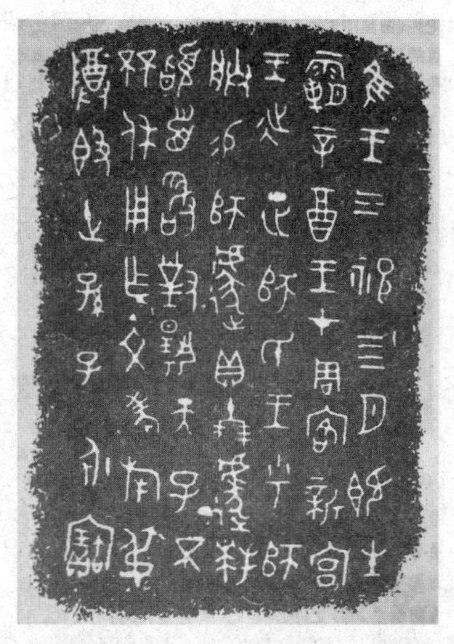

师遽簋盖铭文“惟王三祀四月既生霸辛酉”

事实远非想象的那么容易。不少历史学家耗尽心力，排出的结果却各不相同，同时也没有一个人能够将所有的铜器排入。原来“四要素”有着若干先天不足。首先，铭文中的王年并不指明是哪个王，后人所说的某王都是死后“追谥”的名号。我们只能根据铜器的形状、花纹特征来估计它的大概时期。有时铭文内容也能提供一些相关线索。其次，当时的历法并不清楚。文中所举的月份与公历的对应关系并不十分清楚。同时，干支日一直正确无误地延续，也只是一种假设（前文所述对甲骨月食和武王伐纣的研究也建立在这种假设之上）。最大的困难在于月相词。初吉、既生霸、既望、既死霸这一组月相词的确切含义，并无可靠的记载。自民国初年王国维的“四分说”（即以上四词依次为一个朔望月的各四分之一）以来，不同的“月相说”多达几十种。这是铜器排谱得出不同结果的最根本原因。

断代工程分析总结了过去的各种月相说，对西周晚期已知年代的铜器铭文进行了归纳，同时考虑天文现象的特征和当时天文学水平，得出月相词的解释："既生霸"为新月初生至满月的日子、"既望"为满月后、"既死霸"为月面亏损至月亮消失、"初吉"为初一到初十。由考古器形学和铭文内容排出这些铜器的大致年代，由文献记载、铜器内容线索、与诸侯王年的结合以及天文学确定的年代得到西周王年的7个支点。在这些基础上，排出了西周铜器铭文历谱，也就是说，找到了每一条铭文历日在公历系统中的位置。于是，西周各王的即位年代也就一目了然了：

武王（前1046）、成王（前1042）、康王（前1020）、昭王（前995）、穆王（前976）、共王（前922）、懿王（前899）、孝王（前891）、夷王（前885）、厉王（前877）、共和（前841）、宣王（前827）、幽王（前781）。

断代工程的天文学专题还包括对古代外国天文年代学的调研，对夏商周时期五星会聚和大火星象的研究，对古史记载三苗日食、仲康日食事件的研究以及对《夏小正》天象和周代历法的研究。这些专题都全面总结了前人的工作，澄清了过去的部分错误观点，大大推进了这些问题的研究。这些专题的工作为断代工程各方面、各学科的研究理清了天文学背景，为工程最终成果的取得起到了重要的支撑作用。

夏商周断代工程最近公开发表了阶段成果报告。报告提出了新的夏商周年代表。表中除了上文中列举的西周列王和商武丁王年代外，还列出商后期列王年代，并提出夏、商起始年代大约在公元前2070年和公元前1600年。夏商周断代工程是我国史学研究中的一件大事，也是当代社会生活中的一件大事。在文史理工各学科专家联合攻关的这项伟大工程中，天文学起到了重大作用。

附：夏商周断代工程的天文相关专题

1. 夏商周年代与天象文献资料库
2. 关于夏商西周年代、天象的重要文献的可信性研究
3. 禹伐三苗综合研究
4. 夏商周天文数据库、计算中心和联网设备的建立
5. 夏商周三代更迭与五星聚合研究
6. 夏商周三代大火星象和年代研究
7. 夏商周时期外国天象记录研究
8.《尚书》仲康日食再研究
9.《夏小正》星象和年代
10. 甲骨文天象记录和商代历法
11. 甲骨文宾组、历组日月食卜辞分期断代研究
12. 武王伐纣时天象的研究
13. “懿王元年天再旦于郑”考
14. 西周历法与春秋历法——附论东周年表问题
15. 金文纪时词语研究

原载《天文爱好者》2001－1，5页～7页。文、图有增删。

科普小品

时尚天象七则

特殊天象，往往引起公众广泛的兴趣。天文学家因而也就成了媒体追逐的对象，进入了“时尚界”。前些年，报纸会约稿，电视台会扛着摄像机来，电视台、广播电台的直播室也去过多次。这几年，“天象新闻”越来越多，采访也简化成打电话了，省去了许多麻烦。应约写过一些小文章，有的发表了会寄一份来，有的告知一下日期版次，有的不知哪里去了。写的东西，有的留有底稿，有的也就没了。划拉划拉，放在下面。文图略有调整。

茫茫星海观哈雷

哈雷彗星离开我们76年了，在宇宙中游荡了100多亿公里后，今年年底到明年年初，又回到我们身边。一睹哈雷彗星的芳容，是许多人几十年的夙愿。这一时机终于来了！1982年10月，美国帕罗马山天文台首次观测到本次回归的哈雷彗星。目前，用质量较好的双筒军用望远镜，已经能够看到它了。

哈雷彗星这次回归，由于位置不佳，亮度比较暗弱，肉眼几乎看不到。所以必须借助望远镜，最好是有一架双筒军用望远镜。最亮的时候，双筒玩具望远镜也可以看到。

要看到哈雷彗星，首先要知道它在星空中的位置。下面这张哈雷彗星经天路线预报图上，路线的上方是日期，下方是对应的亮度。天文学上把最亮的一批恒星定为1等，肉眼在最好的晴夜能看到6等星。在西安市区，由于灯光和尘埃的影响，一般只能看到3、4等星。由于彗星是有视面的天体，光线分散，所以它比同样星等的恒星更难看到。目前，哈雷彗星在点点繁星中间呈现雾状斑点，以后会逐渐变亮，并长出“尾巴”来。

除了亮度外，和太阳月亮的位置关系也限制着哈雷彗星的观看条件，因为明亮的日光、月光会掩盖彗星。目前，哈雷彗星位于金牛座的昴星团附近，天黑后从东方升起，整夜可见。以后，它逐渐向西行，天黑后能看到的时间越来越短。到了明年元月中旬以后，就淹没在落日的余晖里了。明年3月，哈雷彗星又出现在东南方的晨曦中，并且越来越出现得早。到了4月下旬，又是通宵可见。5月中，便因为亮度逐渐减弱而在小望远镜的视野中消失了。以上可观测的时期内，由于月光干扰，每月差不多有半个月看不到。在双筒望远镜里，哈雷彗星始终是暗淡的，要想看得更清楚些，就要使用天文望远镜了。

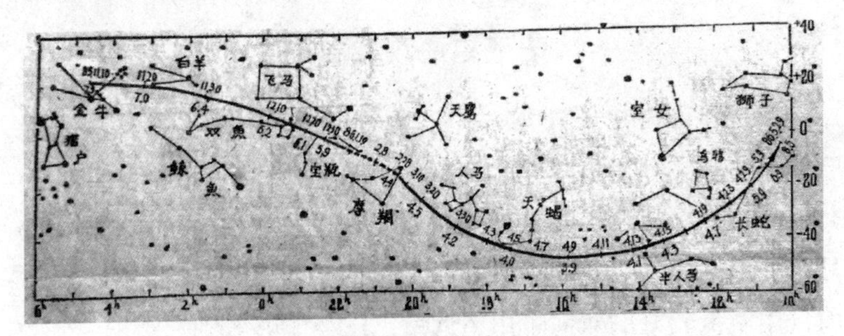

哈雷彗星的预报位置和亮度

原载《陕西日报》1985年11月21日

1987日环食

今年9月23日将发生一次日环食，这次日食的环食带将横亘我国北方，全国各地都可以看到。许多地方能看到食分相当大的偏食，而环食带经过的地方（包括上海、太原、乌鲁木齐等大城市）则可以看到太阳的中心被月亮挡住而四周留出一圈细细的金环。那壮丽的景象，令人惊叹！

由于地球绕太阳、月亮绕地球的公转轨道都是椭圆，所以太阳、月亮到地球的距离有远近变化，尤其是月亮变化较大。发生日食时，若月亮视直径比太阳大，就看到日全食；若月亮比太阳小，就是日环食。

天文学上用“食分”来表示某次日月食的大小程度。食分是被食天体的直径被挡住部分与直径之比。全食的食分是1，这次环食的食分为0.96。显然，日食的食分在各地看到是不一样的，而月食对各地都是一样的食分。

附图画出我省各地这次日食的见食情况。图中斜线是等食分线，两条0.96线中间的地区可以看到环食。我省的榆林、佳县、横山、子洲、绥德、吴堡、米脂等7个县城可见环食（食分0.96）。其他主要城市的食分为：延安0.93，铜川0.88，宝鸡0.84，咸阳0.86，西安0.86，渭南0.87，汉中0.80，安康0.82，商县0.86。地图的左上方画出的是西安看到的日食食甚时的状况。

西安的见食时间是（北京时间）：初亏8：24，食甚9：45，复圆11：15。省内其他地方相差不超过两三分钟。

太阳光十分强烈，因而观察日食时不要用眼睛直接看。可以通过熏黑的玻璃，黑胶卷或电焊防护镜看，也可以借助油盆、墨水盆看反射像。注意观察树影，可以看到小孔成像在地上形成的一片月牙形。如果用照相机配以适当的景物拍摄日环食，会得到非常漂亮的影像。

对同一地点来说，这样大食分的壮观日食是相当少见的。2008年的日全食，全食带末端将深入我省关中地区。在此之前，我省都没有壮观的日食发生。因此，今年的日环食是一次难得的机会。

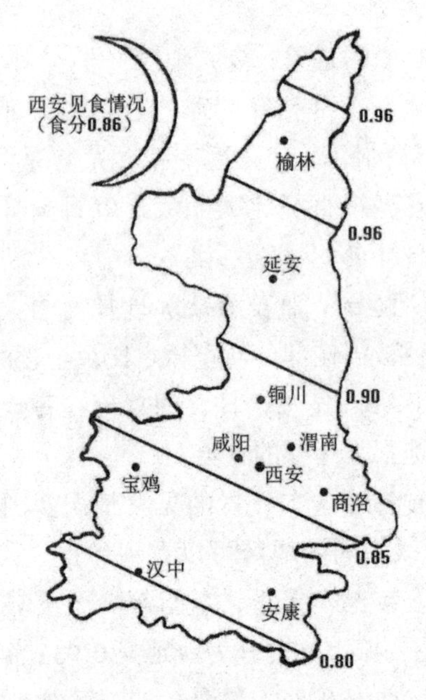

1987 年 9 月 23 日，日环食在陕西省各地见食情况

原载《陕西日报》1987 年 9 月 17 日

1997 年日食彗星同现

月亮在绕地球公转中，有时会遮住太阳，这样就产生日食。同一次日食，有的地方可以见到太阳圆面完全被月亮遮住（这时天黑得像夜晚一样，满天星星都可以看到），称为全食；更多的地方只能看到部分日面被遮，称为偏食。由于月亮公转和地球的自转，地球上能看到全食的地区呈带状，称为全食带。由于全食带很窄（不超过 300km），所以地面上能看到日全食奇景的范围很小。尽管地球上平均每 10 年发生 24 次日食（其中日全食占 26.6%），但对于某一固定地点，却要两三百年才能见到一次全食。日全食不但是一种罕见而壮观的天象，也是天文学家

研究太阳的难得机会。因而每次日全食，都有许多天文学家携带仪器设备，不远万里赶到全食带去观测研究。日全食也使天文爱好者趋之若鹜。国外甚至有旅游公司专门组织豪华客轮到大洋上去追逐全食，那种浪漫之旅，真令天文迷心驰神往。

今年3月9日日食的全食带，起自中、蒙、俄、哈萨克交界处（在那里日出时看到全食），向东经过蒙古国、西伯利亚南部、我国东北北端，经西伯利亚东部而入北冰洋。我国的新疆阿勒泰市以北和黑龙江漠河县可以看到日全食和海尔-波普彗星同现的世纪奇观。我国其他地方都可以看到偏食。3月9日西安地区可以看到食分达到0.77的偏食（即日面直径的77%被月亮遮住），也是相当壮观的。西安地区7：29初亏（日食开始），8：26食甚，9：10复圆。我省各地见食时刻与此相差不多，食分北大南小，即从榆林的0.83到安康的0.73不等。

由于太阳很亮，肉眼不能直接观看。最适当的方法是利用照完冲好的胶卷头部曝光发黑的部分，用硬纸做个框（或利用幻灯片框）效果更好。其他的方法如用烟熏黑玻璃、通过加墨汁的水面反射等，都可以尝试。

后记：1997年3月9日，全国天文界同人和许多天文爱好者奔赴黑龙江漠河，观测这次难得的日全食彗星同见奇景。铁路部门为此特地加开了火车专列。漠河的天气很好，日出前的海尔-波普彗星和日上三竿时的全食，都表现上佳。但是，期待中的日食彗星同现，却没有出现。原因是雪地强烈的反光致使食甚时天光太亮，淹没了彗星。另一个全食地点在新疆阿勒泰，日全食时太阳正好从天边升起，此时云雾和空气扰动都很大，因而不是理想的观测地点，只有当地人注意观看。但正是由于此时日光弱，食甚时彗星明显可见，日全食和彗星同见的奇观，展现在人们面前！我们为“天再旦”研究组织的观测者，无意中看到并报告了这一奇景！

附：中国古代的日食和彗星记录

中国古代有仔细观察和全面记载天象的传统。流传至今的古代记录，其数量之大，门类之全，系列之长，都是举世无双的。这些古代记录不但可用于历史学和天文学史研究，而且还对现代科学的某些方面做出特殊的贡献，因而为全世界天文学家所重视。

最早的日食记录当属《书经》中的记载：夏朝仲康王时，秋末朔日，天象发生于房星。骇人的现象造成一片混乱，百姓惊恐而逃。未能尽职的天文官员因此被杀。此次发生在公元前22世纪的天象记录虽然没有言明是什么天象，但从种种迹象来看，历来被认为是一次日全食。另一次著名的日食发生在西周初年的懿王元年。关中西部的郑地发生天再旦的现象。这一谜团直到近世才被解开：发生在日出前的日全食使得本来已经放亮的天空又转暗，而全食结束后，天又一次放亮（再旦）。由于西周以前的年代一直不明，以上两次日食记录是研究中国早期年代学的重要线索。自春秋以来，历代史书系统地记载了日食事件，至清末达1500余次。西汉以来实际发生的日食几乎全部记载了下来。

彗星以它突然的出现，怪异多变的形状和快速无常的运动而使古人惊异。最早的彗星记录见西汉《淮南子》所载周武王伐纣时迎面所见的大彗星，而日期确凿的记录始自《春秋》："鲁文公十四年秋七月，有星孛于北斗"。由于彗星形状多变，古代按形状分为彗、孛、拂、扫等许多类型。长沙马王堆出土的西汉初年的帛书中，有一幅珍贵的彗星图，画出20余种彗星的形状。中国古代天文学家仔细认真地观察彗星，往往在很暗时就发现了，然后长时间监视它的动态，记下形状、位置、大小的变化，给现代天文学研究彗星及其轨道的长期演变提供了不可替代的资料。著名的哈雷彗星回归周期为76年，我国自秦始皇七年起，记载了它的每一次回归。这些记录是非常宝贵的科学资料。

中国古代天文学直接掌握在帝王手中，长期系统的天象记录主要是为了迷信占卜。皇帝自称天子，天象的变化被认为直接与皇帝和国家的命运有关。日食和彗星都被认为是十分严重的灾异，是上天对皇帝的警告。这时皇帝要素食、斋戒、避正殿、求直谏，甚至下诏罪己，以求上天饶恕。现代科学已经证实，日食和彗星的出现并不会对人类有明显的不良影响。反之，科学家可以趁此机会开展研究，而老百姓也可以趁机大饱眼福，学点儿科学知识。

海尔－波普彗星观测指南

海尔－波普是一颗明亮巨大的彗星，因而可见时间很长。通过普通的双筒望远镜，从1996年5月到1998年上半年一直都可以看到它的倩影。目前，它日出前出现在东方天空，和牛郎星差不多亮，肉眼明显可见。往后它越来越亮，越来越低，直到3月底消失于日光。从3月中旬开始，海尔－波普彗星日落后又出现在西偏北方向，3月底达到最亮，至5月底再次消失于日光。此后彗星接近太阳，纬度南移，亮度减弱，我国不宜观看。

综合彗星亮度、月光干扰、彗星和太阳位置关系等因素，我们得到西安地区的最佳观看时期是：1997年3月2日~3月22日（晨见东方），3月24日~4月12日（最佳黄金时期，黄昏见西方），4月23日~5月12日（黄昏见西方）。

由于海尔－波普彗星十分明亮，估计大城市居民也可以一饱眼福。然而观看彗星的关键是找到适当的地点和抓住好天气。彗星是模糊暗淡的天体，即使明亮的彗星，其彗尾也是暗淡的。因而彗星的观察效果，能够看到彗尾的长度，完全取决于天气状况。只有在远离城市的灯光和烟尘污染，天气特别晴朗，没有月光干扰的情况下，才能看到最壮丽的景色（或许3月底4月初黄昏后航行在高空的乘客和机组人员是最幸运的）。位于骊山之巅的陕西天文台天文观测站已经对外开放，接待各界人士前往参观和观看彗星。

陕西天文台骊山观测站拍摄的海尔－波普彗星（1997年4月4日）

观看明亮的彗星，配备一架普通的大口径双筒望远镜（50mm口径，6～10倍）最为适宜。彗尾很长时，或许直接用肉眼观看才是最好的（视力不佳者请配好眼镜）。摄影爱好者还可以试着拍摄彗星照片。没有跟踪装置的照相机，曝光时间不要超过

15秒，以免星象移动。最好采用感光速度高的胶卷，例如ASA400或ASA800。当彗星最亮时，配以适当的地面景物，可以拍出非常漂亮的照片。

1998年狮子座流星雨

问：最近媒体报道了即将发生的狮子座流星雨，许多群众都很关心这件事。刘博士，能否先请您讲讲流星雨是怎么一回事？

答：我们先从流星说起。太阳系空间分布着许多微小的固体颗粒，称为流星体。当它们与地球相遇时，受到地球强大的引力作用，落入地球大气。在落向地面的过程中，由于速度高达每秒几十公里，与地球大气的摩擦使得它们发生高温气化，因而我们往往能看到一道亮光从夜空划过，这就是流星。质量越大的流星体，气化过程越剧烈，看起来也就越明亮。有的大流星十分明亮，有崩裂现象，流星划过天空后尾迹久久不散，甚至带有啸声或雷声，非常壮观。更大的流星体来不及在大气中完全气化，落到地面，称为陨石。

问：那么流星雨就是流星多得像雨一样了？

答：是的。当流星雨高峰来临时，每小时肉眼就可以看到上万个。但是大多数流星雨没有这么壮观，往往每小时只有几十个。除了数量密集外，流星雨还有两个特征：一是流星在空中似乎从同一点向四面射出，称为辐射点；二是它在每年同一个日期（或时期）出现，有强烈的周期性。天文学对此做出了完满的解释：流星雨是由彗星形成的。彗星在沿着椭圆轨道绕太阳的运动中，不断有物质分裂出来形成流星体。这些流星体逐渐分布在整个彗星轨道上，仍旧沿轨道运行。如果这颗彗星的轨道恰巧与地球公转轨道相交，那么每年同一日期地球来到这一点时都会遇到大量的流星体，而且运动方向一致。从地面上看，它们都是从同一星座而来。因此我们往往用星座名来命名流星雨。明显的流星雨有20多个。

问：本次狮子座流星雨有什么特点呢？

答：狮子座流星雨每年11月18日前后出现，它是周期为33年的坦普尔－塔特尔彗星形成的。彗星分裂的流星体在彗星本体附近最集中，因此彗星来临的周期也就是流星雨达到极大值的周期。实际上，每33年一次的峰值也各不相同，这与流星体密集区的具体分布有关。近200年来，1799年、1833年、1866年、1966年四次发生非常壮观的流星“暴雨”，1小时可以数到上万颗流星。据研究，下一次狮子座流星雨的高峰发生于今年11月18日凌晨2时～4时（北京时间），估计会有类似1966年那样的“暴雨”出现。这次流星暴雨的最佳观测地点在太平洋西部和我国东部。

问：陕西地区的普通爱好者怎样观看？

答：这次流星雨高峰时（18日2时～4时），在陕西地区可以看到狮子星座位于东方天空。流星雨由狮子座辐射出，布满天空。业余爱好者观察流星雨不需要望远镜，因为它分布的范围很大，也来不及瞄准。关键要找一个远离城市灯光，四周开阔的地方。坐在躺椅上观看是个好办法，可以避免疲劳。如果每隔一定时间（例如每5分钟）记录一次数到的流星数，得到的结果对科学研究是很有价值的。也可以用照相机B门长时间曝光拍摄，没准儿可以留下精彩的一瞬。

问：流星雨会对人类造成什么危害吗？

答：流星陨落当然会对人类造成损失，流星雨又是流星特别集中的情况，陨落的可能性也就大得多。但到目前为止，其陨落的可能性还没有大到地面上需要采取特别防范措施的地步。但是在太空中就大不相同。微小的流星体数量极大，在平时就偶尔击中人造飞行器。当大流星雨来临的时候，危险性是十分现实的。目前在工作中的航天器数以千计，各国航天部门已经采取种种措施，尽可能减小损失。

问：科学家研究流星雨有什么意义？

答：除了上述十分现实的减灾目的外，流星雨的研究也有重要的理论价值。流星雨与彗星有密切关系，而彗星、流星、小行星这些太阳系小天体由于体积小，没有经历内部剧烈变化，因而带有太阳系形成初期的信息。同时通过流星的气化，也可以对地球大气，尤其是电离层的特征进行研究。天文学家应用照相、光谱分析、雷达跟踪等手段，对流星雨的数量分布、物质成分分析、大气电离过程进行探索，已经取得了不少成果。

神奇壮丽倍利珠

日全食无疑是最壮观的天象。当月亮完全遮住太阳，黑夜突然降临时，即使是最渊博、最冷静的人，也会激动不已而终生难忘。在全食前后的几分钟里，最神奇、最壮丽的景象，要数“倍利珠”了：当太阳被月亮一步步蚕食殆尽，只剩细细的一弯“蛾眉”时，突然间蛾眉中断，出现几颗明亮硕大而光彩夺目的“珍珠”。一两秒钟以后，“珍珠”消失，这时看到的是太阳周围一圈范围较大，边缘不很清晰的白气，这就是太阳的上层大气——日冕。几分钟后，当全食结束时，倍利珠在月面的另一侧闪现，接着蛾眉生成，太阳逐渐扩大，恢复它往日的光辉。

倍利珠的生成，得益于两个基本条件：日月视直径相近和月面高峻的群山。

尽管太阳直径是月亮的400倍，但是月亮离地球却只有日地距离的1/400。因而从地球上看来，日月的视直径差不多一样大。

由于月地距离有明显变化，所以月亮直径有时比太阳稍大（这时能造成日全食），有时比太阳稍小（这时能造成日环食）。由于两者直径接近，当月亮几乎掩盖太阳时，残余的日面可以呈现很细很长的“蛾眉”。

我们在谈到月面直径时，把月面当成了理想的圆形。实际上月面上布满了环形山和山脉，高峰低谷纵横。月亮上最高的山峰达9000余米，比地球最高峰还要高（然而月球直径只是地球的1/4）。因而月面边缘有不少区域呈高低不平的锯齿状。当全食即将发生，太阳呈极细长的蛾眉时，山峰遮断了蛾眉，少数几个低谷露出日光。在黑暗的背景上，几处极强的日光从月面边缘的低谷中射出，给人眼神经以特别的刺激，因而形成倍利珠的奇景。倍利珠是一种光学效应，它使人眼、照相底片、电视摄像机产生的感受是不完全一样的。

2008年8月1日日全食，网友扬子居在西安大南门拍摄的倍利珠（下边三个）、日冕（一圈）和日珥（右边）。

倍利珠因英国天文学家倍利（F.Baily，1774~1844）的研究而得名。倍利原来是一名很成功的股票经纪人，后来成为专业天文学家。他是英国皇家天文学会的创始人之一，第一任副会长，皇家学会会员。1836年，倍利在苏格兰观测日全食时注意到倍利珠现象并成功地解释了它。1842年在意大利，他又一次观测到倍利珠。倍利的研究，把科学的日全食观测推向高潮，至今不衰。此外，倍利还测量过地球密度、地球形状椭率，测定并编算过恒星位置表。由于他对天文学的突出贡献，倍利数次获得皇家天文学会金奖。

当月亮和太阳视直径恰恰相等时，会发生另一种更罕见、更壮丽的现象：珍珠食（钻石圈）。这时倍利珠布满月亮四周，像一个闪闪发光的钻石项圈！

你看过月食吗？

月食是比较常见的天象，却不是人人都注意看过。

浩瀚的太阳系，太阳几乎是唯一的光源。地球围绕太阳公转，一直都拖着长长的影子。月亮围绕地球公转，恰好进入地球影子时，就发生月食。在1个阴历月中，月食只能发生在月圆之时，这时太阳—地球—月亮的位置成一条直线。由于月亮公转轨道是椭圆形，公转速度有变化，所以这个“最圆的月亮”可能是阴历十五，也可能是十六，甚至可能是十四晚上或十七凌晨。

并不是每次月圆都能发生月食。月亮公转轨道面与地球轨道面有5°的夹角，因此每次月圆时，月亮或者从地球影子的下方经过，或者从地影的上方经过，只有少数机会，正好从地影中经过，导致月食发生。

太阳是个圆面，它投出地球的影子包括本影和半影。以月亮的直径为1，本影直径大约是2.5，半影直径大约4.5（每次具体月食，随着月地距离、日地距离有一定变化）。月亮穿过本影，发生月全食；部分穿过本影，发生月偏食；全部或部分穿过半影，发生半影月食。

一个完整的月全食过程，经历这样 7 个时刻：半影食始、本影食始（初亏）、全食始（食既）、食甚、全食终（生光）、本影食终（复圆）、半影食终。

半影的浓度是逐渐过渡的，再加上地球大气的散射，因此月食的时候，月亮被食的边缘是模糊的，不像日食那样清晰。半影月食时，月亮光线的减弱不明显，肉眼很难察觉。在提到月食时，若不特别指出，指的是本影月食。

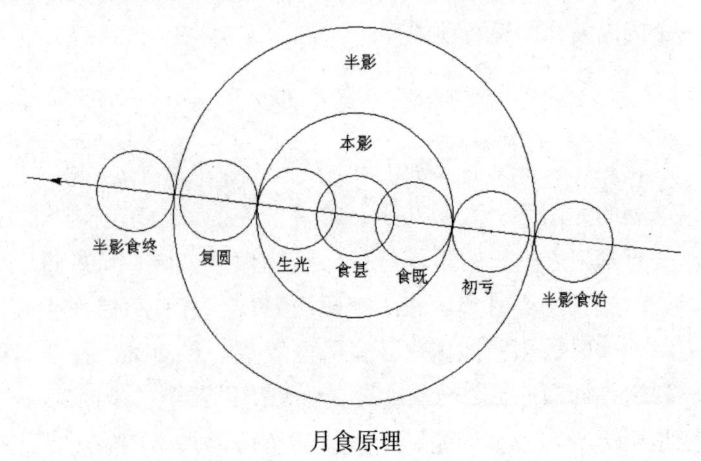

月食原理

月面直径被地影挡住的比例，称为食分。初亏时食分为 0，食既时为 1。月亮更深入本影时，食分大于 1。

如果月亮正好穿过本影的中心，这时的食分最大，可以超过 1.8；历时时间最长：初亏到复圆历时约 3 小时 50 分，其中全食过程（食既到生光）约 1 小时 40 分。如果月面刚好内接本影，这样的食分 1.0，食既和生光重合，全食过程收缩为 0，从初亏到复圆历时约 3 小时 20 分。当然，这也是月偏食的最长时间。

地球有厚厚的大气层，空气中的微粒会散射阳光。因而太阳还没升起，天空已经很亮了；太阳落山以后，天还能亮一阵儿。同样道理，散射的阳光也会照到月亮上地球本影部分。因此，月全食时，仍可以看到月亮，呈现暗红的颜色。

根据天文计算，平均每世纪发生月食 154 次，其中全食 71 次。比起日食（平均每世纪 238 次，其中日全食 64 次，日环食 78 次，全环食 12 次，日偏食 84 次），次数较少。但是日食仅在地球上部分地区发生（特定地点平均每世纪 39 次），尤其是日全食发生的区域更小（平均 300 年才有一次）。每次月食则是多半个地球都可以看到（当然，还要假定天晴），特定地点平均每世纪可以看到月食 90 多次，全食近半。

月食过程

日食时，各地看到的食分和时刻各不相同。月食则不同：同一瞬间，世界各地看到的月食食分是相同的，只是月亮的地平位置（仰角和方位）不同。因此在早期没有精密时钟时，可以通过观测月食来测定海船的位置。

我们的祖先很早就注意到月食的现象。安阳出土的殷商甲骨卜辞“宾组”里有一组月食记录，分别在壬申、癸未、乙酉、甲午、己未这 5 个日子里看到月食。根据考古断代的区间，天文学家计算了这一时期的全部月食，发现公元前 1201 年 ~ 公元前 1181 年间安阳能够看见的 5 次月食与这一组记录能够唯一地契合，因此为商武丁王年代的确定提供了旁证。这一结果被纳入“夏商周断代工程”的结论。

《诗经》中有一首《十月之交》，讽刺周幽王昏庸无道“彼月而食，则维其常，此日而食，于何不臧”：上个月月食，还算常见，这个月又日食，就很不吉利了！可见那时对于月食现象，已经视为正常了。东汉张衡科学地解释了月食的原理：“月光生于日之所照……，当日之冲，光常不合者，蔽于地也，是谓阇虚……月过则食”。所谓阇虚，就是地球在太阳下的影子，月亮经过时，就发生月食。

从南北朝开始，月食记录被系统地载入史册。公元 1500 年以前月食记录，剔除两国同时记录，重复记录以及明显的错误记录外，共计 545 条，其中报告“食既”的 78 条。像其他古代天象记录一样，绝大多数月食记录都非常简单。但也有少数详细记录，例如《隋书·律历中》记载：

> 文帝开皇四年十二月十五日癸卯（585 年 1 月 21 日），依历月行在鬼三度，时加酉，月在卯上，食十五分之九，亏起东北。今伺候，一更一筹起食东北角，十五分之十，至四筹还生，至二更一筹复满。

这条记录记载了对一次月食的预报：月亮位置、月食时间、食分、方位，然后是实测结果：初亏时刻、亏起方向、食分、生光时刻、复圆时刻。有条有理，清楚明白。古人做这样的详细记录，用于积累资料，研究日月位置的计算方法。今天，科学家还可以利用它研究地球自转的长期变化。

时间与历法四则

甲子年不吉利吗？

明年是农历“甲子”年。有传言“甲子年不吉利”，还说要发生“天灾人祸”，闹得一些地方人心惶惶。这些说法果真是这样的吗？我们还是先看看“甲子”年是怎么一回事再说。

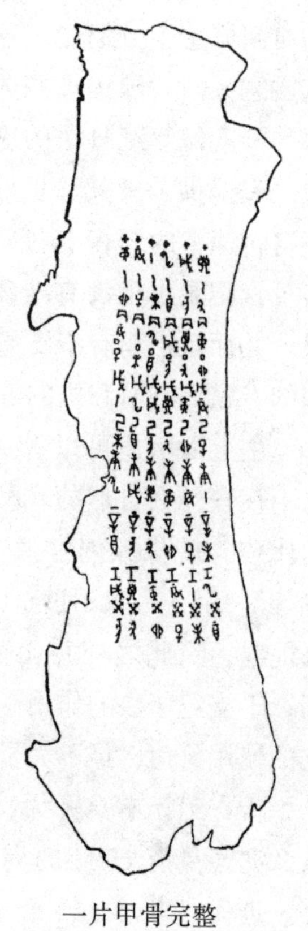

一片甲骨完整记录了六十干支

甲子是我国特有的干支纪年法中的一年。干支是“天干”和“地支”的合称。天干是由甲、乙、丙、丁、戊、己、庚、辛、壬、癸10个字组成；地支则是子、丑、寅、卯、辰、巳、午、未、申、酉、戌、亥12个字组成。天干和地支按次序结合，周而复始，就形成了甲子、乙丑、丙寅、丁卯……直到癸亥的60个干支。这60干支周而复始，可以作为一种计数的符号，就像星期一、二、三、四、五、六、日一样。从殷商甲骨文发现，早在3000多年前，我国就采用干支来纪日。至迟从鲁隐公三年（前720）二月己巳日起连续使用干支纪日至今，已有2700年历史，这是迄今所知世界上最长的纪日资料。至迟从东汉初年起，我国普遍采用干支纪年，直到今天，日历上还标明着每年的干支，作为农历一年的标志。人们给十二地支各配上一种动物，如子鼠、丑牛、寅虎等。这样每年对应一种动物，12 年一个周期，这就是“属相”或称“生肖”。此外，十二地支还普遍用来计时，一个字代表一个时辰（相当于现代两小时），“子夜”“中午”“应卯”等词就是从这里来的。

由于我国有长时期连续的干支纪年和纪日，使得我国历史的时间概念十分清楚。这对于历史学，特别是科学技术史有着重要意义。我国历史悠久记载丰富，大量宝贵的科学技术史料都因干支纪年纪日法的应用得以准确地保留下来，为科学和历史研究提供了极其珍贵的原始资料。例如，天文学家在研究地球自转速率的缓慢变化时，需要利用古代日食的记录。国外许多日食记录由于没有准确的时间而不能应用；我国古代不但记录多，而且由于有干支纪日、纪年而提供了准确时间。所以各国的专家们都对我国的古代天象记录抱有很大兴趣。

由上面所述可以看到，六十干支纯属一种计数的符号，它并不代表什么自然的或社会的规律。甲子往往被作为干支系统的代表，就像人们常说“六十甲子”，把六十岁叫作“花甲”，等等。“甲子”只不过是因为它作为六十干支的第一个而常常被人提起，除此之外并无特殊之处。由于只有 60 个符号循环使用，干支纪年法的作用受到局限。在普遍使用公历纪年的今天，它的使用价值已经不大了。

干支纪年本身并无特殊含义，同时，也没有发现自然界有什么灾害具有 60 年的周期，使得六十干支的周期与它恰巧相符。近代以来，1864 年（清同治三年）、1924 年（民国十三年）都是甲子年，也并没有发生什么异乎寻常的灾害。因此，说

“甲子年不吉利”是毫无道理的。

在旧时代，由于科学文化落后，封建迷信十分盛行。人们对天文历法和占星巫术分辨不清，对于干支纪年的道理不了解，总有一种神秘的感觉，再加上干支的周期与人的寿命相近，一个人的一生往往只能遇上一次甲子年（别的年也是一样），因而就对它流行着各种迷信的说法。几十年来，随着经济的发展，人民群众的文化水平有了很大的提高，相信这一套的人越来越少了。现在的年轻人大都受过正规的学校教育，有一定的文化水平和鉴别能力，懂得了甲子年的道理后，是不会相信那些迷信说法的。

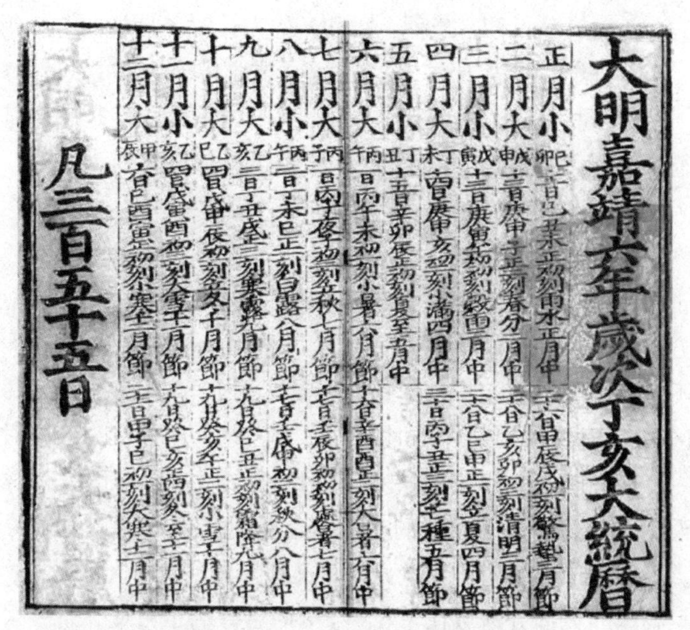
大明嘉靖六年歲次丁亥大統曆
正月小 己卯
二月大 戊申
三月小 戊寅
四月大 丁未
五月小 丁丑
六月大 丙午
七月大 丙子
八月小 丙午
九月大 乙亥
十月大 乙巳
十一月小 乙亥
十二月大 甲辰
凡三百五十五日

明嘉靖六年（公元 1527 丁亥年）历书

干支用字冷僻，顺序复杂，也是造成神秘感的原因之一。把 10 个天干写成一排，反复写下去；然后在它的下面对应地写上12地支，周而复始。这样，上下两个字就组成一个“干支”。你会发现，写到60个干支后，就又会重复出现前面的干支，也就是说，60年是一个周期。这是因为60是10和12的最小公倍数。也就是说，貌似神秘的干支，其实就是一种计数的工具。

当你明白了干支纪年的道理后，请你向周围的人解释和宣传，解除他们的疑虑。

原载《陕西青年》1984－1

时间、历法与21世纪

人类自古以来是以“日”作为计量时间的基本单位。自日向下，分为时、分、秒、毫秒、微秒，称为计时。自日向上，组成月、年、世纪，称为历法。这些都是天文学传统的研究领域。

“日”是由于地球自转形成的，太阳的东升西落是它的基本特征。人们习惯于将子夜作为一日的起点，定此刻为0时，正午为12时，周而复始。

由于地球是一个球体，各处看到太阳的方向是不同的：纽约正在半夜，北京却是太阳当顶。因而地球上不同经度的地点，地方时间是不同的。为了使邻近地区不至于因为时间不同而引起不便，国际上规定将全球按照经度线划分为24个时区，每个时区15度宽，使用同样的时间，称为区时。这样，时区内时间统一，不同时区之间相差整小时，比较方便。英国伦敦格林尼治天文台（旧址）是经度的起点，也是时区的起点，称为0时区。当地的地方时间称为世界时，又称格林尼治时间。

我国的大部分地域在东6、7、8时区。为了方便，统一采用东8区时间，也就是东经120°的地方时间，称为北京时间。这样，早晨8点，东部沿海已是日上三竿，新疆西部尚未露出曙光。美国、俄罗斯等地域辽阔的国家，分用若干时区。这样，即使国内旅行或联络，时时都要注意时间的不同。

随着科学技术的发展，人们发现地球自转并不均匀。它的速度存在周期性的和不规则的变化，并有越来越慢的趋势。当今高科技领域使用的精密时间，是由原子钟提供的，它已经能达到几十万年不差一秒，精度远远超过地球自转。为了使时间系统不脱离我们人类所熟悉的天文现象，“日”的确定仍依赖于地球自转。当原子钟与地球自转之差接近 1 秒时，用“闰秒”的方法来协调：有的日子会多或少 1 秒。例如 1998 年 12 月 31 日的最后 1 分钟就有 61 秒。这样的时间系统称为协调世界时。

我国的精密时间是由陕西天文台保持和发播的，同时参加国际标准时间的确定。各国有关研究机构将测试结果汇集到设在法国巴黎的国际度量衡局，在那里确定和发布最精确的国际标准时间，当然，是事后的改正数。

新西兰发行的新世纪邮票

历法是时间计量的另一个方面。现行的公历自 16 世纪提出后，已经为绝大多数国家正式行用。作为日历基础的天文历书每年向天文、航海、测量等部门提供日月星辰的各种位置数据。

美国海军天文台编算的天文历书及其说明为全世界大多数国家采用和参考。

21世纪将于2000年1月1日0时到来。由于各地时间不同，21世纪的到来也有先后不同。按照国际日期变更线的规定，东12区的国家（新西兰、斐济、汤加等太平洋岛国）最先进入21世纪。这时是北京时间1999年12月31日20时，格林尼治时间中午12时。

在我国，虽然全国各地同时在北京时间2000年1月1日0时进入21世纪，但看到日出却大有先后。由于冬天北方日出较晚的缘故，最先看到21世纪第一缕阳光的地点不是我国最东边的乌苏里江河口，而是台湾东海岸以及南沙群岛的东部岛礁(6：40左右)。我国大陆最先迎接21世纪日出的地点，在浙江温岭石塘镇。至于我国最西边的新疆喀什地区，则要差不多4小时后才能看到日出。

皇家格林尼治天文台（Royal Greenwich Observatory）于1675年始建于英国伦敦市东郊，是世界上最古老，也是最有成就的天文台之一。1884年国际经度会议决定以通过该台艾里中星仪的经度线为本初子午线，更使得格林尼治闻名世界。为追求更好的观测环境，该台于二战后迁往英国东南沿海的赫斯特蒙休古堡，原址成为博物馆。80年代末，该台又迁往著名的大学城——剑桥，而大型观测仪器则全部建设在海外。1998年10月31日，具有300余年光荣历史的格林尼治天文台宣布关闭。

为保证计量单位的统一，国际度量衡大会决定实行国际单位制（SI)，7个基本物理量中包括米（长度单位)，千克（质量单位）和秒（时间单位)。48个主要国家达成了“计量公约”，我国也是其中之一。计量公约授权设在法国巴黎的国际度量衡局（简称BIPM：Bureau International des Poids et Mesures）组织世界各国的研究、比对、校准工作，以保证国际单位制的准确实施。这里保存着著名的国际千克原器、米原器以及精密原子钟等标准计量设备。

美国海军天文台，建立于1830年，总部设在首都华盛顿，并在亚利桑那州建有观测站。该台负责美国天文历表的编算出版和高精度时间的确定。海军天文台编算出版的美英天文历书及其说明，为全世界普遍使用。海军天文台在时间服务、天体测量方面居世界领先位置，编著的USNO－B1.0星表包括10亿多颗恒星的位置、星等、自行等数据，极限星等达21等。

20世纪末，新世纪的到来成为热门话题。上海方正邮社与中国天文学会时间委员会共同策划了迎接新世纪系列邮品。邮品分为1997年4月6日（倒计时1000天）、1998年1月1日、1999年1月1日、2000年1月1日、2001年1月1日五个邮封，每个封内分别装镶铜、镀金、银、金、金银纪念卡，分别由临潼（国家授时中心——陕西天文台）、华盛顿（美国海军天文台）、巴黎（国际度量衡局）、伦敦（格林尼治天文台）、温岭（中国大陆第一缕曙光）寄出。

伦敦寄往陕西天文台的2000年首日纪念封

上图为新世纪系列邮品之四——伦敦寄出的2000年首日纪念封，贴“新千年－守时”邮票两枚，盖邮票发行首日纪念戳（1999年1月12日，表现经度零线）及2000年1月1日销票戳。收信地址：中国天文学会时间委员会临潼陕西天文台。

以上是我为邮品写的说明文字。

区时和夏令时

（1）关于分区时制度

人类的作息规律遵循地球自转引起的昼夜交替，在这个基础上建立起地方太阳时。不同地理经度上的地方时是各不相同的。在古时，各地之间交往少、慢，时间的不同并不会引起不便。近代以来，随着交通和信息技术的发展，统一而精确的时间成为必要。1884年，国际经度会议决定，将全球划分为24个时区。每个时区内采用统一时间，不同区相差整小时。

经度跨度太大的国家（东西宽、纬度高），不可能在国内采用统一的时间。例如当莫斯科时间是正午12时，海参崴地方时是19时，已经日落。像俄罗斯、加拿大、美国，不得不划分为不同的时区。一国之内划分不同的时区，其不便和易于混乱是显而易见的：许多部门的计划和运作需要周密安排，民众旅行时需要随时注意当地时间，打电话时也容易误会。

对于中国这样一个经度跨度不大不小的国家，分时区和不分时区各有利弊。分时区，跨区的交通和通信容易造成麻烦和误会；不分时区，西部地区的作息时间有点“别扭”（例如在我国东半部地区普遍习惯的上班时间是早9点晚5点，乌鲁木齐就成了早11点晚7点）。

以笔者之见，我国现行的统一时间是适当的。缺点的那一点“别扭”，几十年来也已经成了习惯。更何况，随着我国经济社会的飞快发展，全国统一同步服务的部门机构越来越多，出门旅行的人越来越多、交通速度越来越快，通过电话和互联网互相联络以及收看全国各地电视节目也越来越普遍。这种情况下，分时区的麻烦也大了很多。

（2）关于夏令时

早期，人类日出而作，日入而息，少有黑夜里活动的习惯和照明的设施。以后，随着社会发展，人类的活动多样化，照明设施普及，以及不可避免的惰性，渐渐形成人类作息与自然阳光照明的“相位差”：天亮以后才起，天黑以后才睡。尤其在夏季，这一习惯与节能明显相背：早上大好的阳光不加利用，晚上却耗电照明。夏令时人为地将时间往前调 1 小时，不改变作息习惯，却实际上早起 1 小时、早睡 1 小时，每天节省 1 小时的夜间照明。但是人类相对于日光的生活习惯，例如在夏令时期间推迟睡觉时间，也会将这一节能利好消减一部分。兰州比杭州偏西 15°，相当于一年四季都执行的是夏令时，能不能证明兰州人平均比杭州人因此节能多呢？

夏令时的缺点也是明显的。每年两次的时间变化会给许多部门的计划和运转带来很大的麻烦，也会给大众的生活、出行带来不便。1 小时照明的成本容易计算，这些麻烦和不便虽不容易量化计算，却也是不可忽视的巨大损失。

我国使用的是东八区时。如果一直使用夏令时，也就是使用东九区时，就可以不必每年两次改时间，保持夏令时的优点而消除其缺点。但是，冬天日短，本来就是天不亮就起床上班，天黑才能到家，再提前 1 小时，又不能节能，是不是太“残酷”了呢？

与西方国家不同，我国政府的执政能力很强。如果真在乎那 1 小时的照明能量，完全可以下令在夏季提前上下班 1 小时

(尤其是公交)，电视台晚上早点儿停播。是否这样做，政府当然要综合考虑节能和民众的生活习惯。

我国曾经实行过分区时制，也曾实行过夏令时，最后都由于得不偿失而停止。笔者以为，这是适当的。

有关当局转来全国政协十二届二次会议第4194号提案，建议实行分区时制和夏令时，要求专家意见。以上是我的答复意见。(2014)

中国传统历法

中国有自己独特的传统历法。即使在如今全球化、标准化的时代，中国历法作为传统文化的一部分，仍然在现代生活中扮演着重要的角色。

历法，在中国这样一个传统的农业社会中，格外受到重视。“四书五经”中记载远古文献的第一篇——《尚书·尧典》写道，帝尧派出官员到四方去观察日月星辰的运动规律，从而制定历法，指导人民的生产生活：“乃命羲和，钦若昊天，历象日月星辰，敬授人时”。

在古代中国，历法还是个高度政治化的问题：用谁家的日历，表示承认谁的统治。每个皇帝登基，必要改换年号，甚至几年就换个年号，以示“革新”。改朝换代时，编算日历的方法(历法)都要改一改。日历是老百姓常常用到的东西，却也十分神圣。明代日历上赫然印着“钦天监奏准印造伪造者依律处斩”。

流传至今最早的完整历法是《汉书·律历志》记载的“三统历”。此后历代史书历志以及专业书籍中记载了90多种历法，其中朝廷正式行用过的就有50余种。汉朝以前的历法，一直上溯至西周，学者们经过研究都有一定了解。至于殷商历法，就相当模糊了。

尽管如此变化多端，中国传统历法的基本性质几千年来没有变：阴阳合历。自西汉以来，基本规则不变：月首在朔，无中置闰，正月建寅。

地球的自转周期——日出日落，是人类时间概念和时间计量的最基本标志。由“日”而下，分为时、分、秒、毫秒、微秒、皮秒，建立起精确时间系统；由“日”而上，适当地组织安排年、月、星期，提供人类社会生活所需的历法。建立什么样的历法，实际上就是安排年、月和日的关系。

唐代《开成石经》拓本，原石保存于西安碑林。这应该是“四书五经”最早的完整版本了。

年，确切地说，回归年，是地球围绕太阳公转的周期。它表现为四季寒暑的不断循环。月，确切地说，朔望月，是月亮围绕地球公转时盈亏的周期。它们都是人类大尺度计量时间的合适单位。天文学家测量发现，一年 = 365.2422 日，一月 = 29.53059 日：年和月不能通约，它们也都不是日的整数倍。如何安排这三者的关系，便形成不同的历法。

源自罗马的公历又称格里历，只管协调年和日的关系，称为阳历。每年 365 天分为 12 个月，这种“月”与反应自然现象的朔望月无关。每 4 年增加 1 天（能被 4 整除的年，2 月增加 1 天）；每 400 年再减少 3 天（后两位是 00 的年，前两位若不能被 4 整除，则 2 月不加那 1 天）。这样，每 400 年总天数为 $365 \times 400 + 100 - 3 = 146\,097$ 天，平均每年 365.2425 天。这样规定的历法年，与反应自然现象的回归年，每年差 0.0003 天，也就是说，3000 多年才差 1 天。公历的月与朔望月无关，日期与月相也无关。

回历，即伊斯兰历法，只管协调月和日的关系，称为阴历。一年 12 个月，新月初见的那天定为月首。单数月份大月，30 天；双数月份 29 天，小月。闰年 12 月 30 天，即平年 354 天，闰年 355 天。回历以 30 年为一周期，每一周期的第二、五、七、十、十三、十六、十八、二十一、二十四、二十六、二十九年，共 11 年为闰年，另外十九年为平年。这样，30 年总共10 631天，平均每月29.530 56天，比朔望月少0.000 03天，3 万个月（即 2000 多年）差 1 天。回历一年比 1 个回归年少 10.88 天，每 2.7 个阳历年，回历就少 1 个月。这样，回历的年与回归年无关，月份日期与寒暑也无关。各种节日，例如古尔邦节，也就春夏秋冬轮着过。

兼顾回归年和朔望月的历法，称为阴阳合历。中国、希伯来（以色列）和印度的传统历法都是阴阳合历。每 12 个朔望月 354.37 天，比 1 个回归年少 10.88 天。因此，每过几年，少的那几天凑成 1 个月加进去，称为闰月。粗略算来，每 19 年需加 7 个闰月。这样，19 年 235 个月计 6939.689 天。而 19 个回归年计 6939.602 天，相差 0.087 天，200 多年差 1 天。希伯来历就是这样置闰，我国在先秦时期可能也用过这种“十九年七闰”的方法。

上文介绍的阳历、阴历和阴阳合历，各自需要掌握的天文要素只有 1 个或两个，即回归年和朔望月的平均日数，也就是说，在几千年里，平均起来和天象相合即可。中国传统历法的最大特点在于，它要求每一个历法节点：每个月首、每个节气、每个年首，全部合天。这样，中国传统历法就不能像其他历法那样用一套具体的规则来设定，而是依赖于太阳、月亮位置的具体计算。历法是否准确，由日食来检验。日食的发生不在朔日、不在预计的时刻，就说明历法粗疏，需要改进。随着古代中国天文学的进步，日月位置计算也不断改进，历法也几十次地修改（其实中国古代所谓历法，就是一整套的天文计算方法）。直到清朝初年引进近代天文学方法，历法计算才基本上满足需求。当代中国传统历日，由中科院紫金山天文台采用国际上最先进的天文计算方法计算和颁布。

中国传统历法的编算规则，总结起来就是三句话：月首在朔，无中置闰，年首建寅。

从地球看去，太阳的运行轨道，称为黄道。月亮的运行轨道也靠近黄道。太阳每年运行一周，月亮每月运行一周。每当月亮赶上太阳，两者相合的时刻，称为合朔。合朔时刻所在的日子，称为朔日。中国传统历法就取这个朔日为月首，即初一。这样，连续不断的日子，就被分隔成一个一个的月份。每个月不是大月 30 天，便是小月 29 天。它们的间隔规律是由日月位置决定。朔望月略大于 29.5 天，所以过一阵子就需要有连着两个大月。由于日月运动不均匀，甚至会发生连着 3 个大月或连着两个小月的情况。

每年循环的寒暑，是由太阳的位置决定的。把黄道均分为 24 份，每个节点的名称，就是 24 节气。太阳在周年运动中到达某节点的时刻以及该时刻所在的日子，称为节气：立春、雨水、惊蛰、春分、清明、谷雨、立夏、小满、芒种、夏至、小暑、大暑、立秋、处暑、白露、秋分、寒露、霜降、立冬、小雪、大雪、冬至、小寒、大寒。24 节气又依次分为立春等 12 节气和雨水等 12 中气（下划线）。中气的平均间隔为 365.2422 ÷ 12 = 30.44 天，1 个阴历月平均 29.53 天，因而某个月里就会没有中气。中国传统历法规定：没有中气的月称为闰月，它前面是几月，它就是闰几月。这就叫无中置闰。

冬至这个节气，在中国古代天文学中具有特殊意义。这一天正午的日影最长，便于测定。同时，这一天也是一年中白天最短的一天。从冬至起，12 个中气所在的月份，分别以十二地支命名：冬至所在的月为子月、大寒在丑月、雨水在寅月……。先秦时期，节气测量不准确，各诸侯国历法不统一，年首正月曾经分别落在子月、丑月、寅月，号称周历建子、殷历建丑、夏历建寅。秦朝以后，历法一直建寅，直至今天。具体的历法规定，冬至所在的月为十一月，其余的月份依次排列。这样，中国传统历法就完全排定了。

下图显示 2011 年底至 2012 年初，传统历法的排算过程。中间双横线的下方，标注有天文计算得到的每个月朔，因而形成一个个阴历月，大月小月因此被确定。双线上方，由天文计算得到每个节气，字上面带点儿的是中气。公历月份日期标在上面作为参考。首先将冬至所在的月定为十一月，下面的月依次排定。四月的中气是小满，其后的月没有中气，定为闰四月。

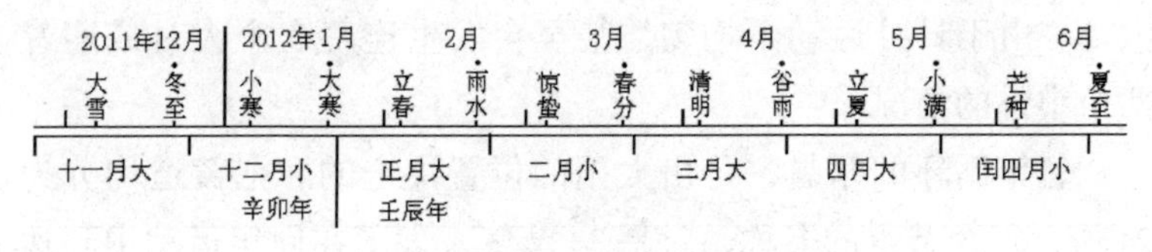

传统历法的排算过程

除了初一、十五这样的数序纪日，干支纪日在传统历法中也一直应用。60 循环的干支用于连续纪日，与年、月无关。出土的殷商甲骨中，就有完整的干支表。《春秋》记载鲁隐公三年二月己巳日食，计算证实符合公元前 720.2.22 日食，与后世上推的干支恰好符合。这说明，从那时起，中国历史的干支纪日就没有中断和错乱过。历代王朝官方史书中，全都采用干支纪日，以示郑重。

纪年的方法，早期采用王年，例如周景王十五年、秦始皇三十六年。自西汉武帝起，采用年号纪年，同一个皇帝可以随时改元。例如（汉武帝）建元元年、太初四年（武则天最爱“改元”，统治20年，用了17个年号）。自明朝起，一个皇帝只用1个年号，例如（明太祖）洪武三年、（清高宗）乾隆五十年。从汉代开始，干支也用于纪年，周而复始，直到今天。

“中华民国”建立后，顺应世界潮流，采用公历作为国家的正式历法，只是纪年还采用由传统演变的“民国若干年”。中华人民共和国成立后，不但采用公历月日，而且采用国际公用的耶稣纪年。传统历法的使用，曾经主要在比较落后的农村。当然，这也和农事与传统节气的固定关系有关。因此，传统历法被习惯称为农历。有学者觉得农历名不符实，农事实际上用公历更加方便，建议改称夏历。其实夏朝历法建寅的说法只是一种假托，再说建寅只是相对于建子、建丑，并不是中国传统历法的本质特点。要说恰当，或许称为“中历”更佳。不过，名从习惯，既没有必要，也没有可能改掉“农历”的名称了。

天文杂谈四则

哥白尼的故事

尼古拉·哥白尼1473年出生在波兰的托伦，幼年丧父，由担任主教的舅舅抚养长大，进入著名的克拉科夫大学攻读神学，此后又两次去意大利攻读神学和医学，并终身在教会工作并行医。

欧洲历史上曾经有过科学文化繁荣的希腊时期，那时许多学者和哲学家对大自然进行了深入的观察和思考，提出的许多理论成为后世乃至当今科学发展的基础。但是后来欧洲进入了黑暗的中世纪，教会不但统治了国家政权，而且统治人们的思想，残酷地扼杀一切创新精神。14世纪~16世纪的文艺复兴运动，正是新兴的市民和资产阶级对教会黑暗桎梏的挣脱。

为了解释日月行星在天空中的运动规律，古希腊天文学家托勒密提出一种地心宇宙学说。他认为，地球位于宇宙的中心，日、月、五大行星都绕着地球旋转。他提出本轮、均轮体系来解释行星运动的方向和速度变化：行星绕着一个看不见的中心作匀速圆周运动，这个圆周称为本轮；而这个中心又绕另一个中心运动，形成又一个本轮；……最后一个本轮的中心绕着地球作匀速圆周运动，称为均轮。由于托勒密的地心理论适合教会的需要，因而被教会奉为教条，不准有任何怀疑，否则就会被当作“异教徒”受到残酷的迫害。

在上克拉科夫大学的时候，哥白尼就对天文学产生了浓厚的兴趣，抓住一切机会拜师求教和发奋自学。在意大利，他师从著名的文艺复兴运动领袖、天文学家诺法拉，并留下观测月掩星的观测记录。在弗龙堡大教堂定居期间，他选择教堂的顶楼居住，在教堂的顶楼平台上建立了他的天文台，长期不懈地进行天文观测。

由于观测精度的不断提高，最后需要用80多个本轮才能使托勒密的理论与观测结果相符合。这样蹩脚的理论，受到越来越多的天文学家的怀疑。经过周密地观测和深思熟虑地分析，哥白尼提出，如此复杂的行星运动其实只是一种表象，如果地球和五大行星绕太阳转动，那么一切都变得极其简单！

哥白尼在《天体运行论》中详细描述了他的理论：太阳位于宇宙的中心，水星、金星、地球、火星、木星和土星依次排开，各自沿着圆周轨道绕太阳做匀速运动；月亮绕地球运动。哥白尼的理论简明而精确，得到许多科学家的积极支持。但是，由于显然与教会理论不符，哥白尼一直不敢大张旗鼓地宣传。直到1543年弥留之际，他才在病榻上看到刚刚印出的《天体运行论》。

1953年发行的
《世界文化名人》邮票

日心说大大动摇了教会的思想统治，许多宣传哥白尼理论的科学家遭到教会的残酷迫害。但是，真理的力量是不可战胜的，科学和民主结合新兴资本主义的发展，结束了中世纪黑暗的教会统治。哥白尼的学说也得到不断的发展。克普勒指出，地球和行星的轨道并非正圆而是椭圆，牛顿由行星运动的规律发现了万有引力定律。一代又一代的天文学家发现，太阳也并非宇宙的中心，只是银河系里的一颗普通恒星，而宇宙并没有中心，它由无数个银河系组成。

哥白尼的学说不仅改变了那个时代人类对宇宙的认识，而且根本动摇了欧洲中世纪宗教神学的理论基础。正如恩格斯所说，"从此自然科学便开始从神学中解放出来，科学的发展从此便大踏步前进。"

1999年是世界末日吗？

几乎所有的迷信和歪理邪说都会编出一些"世界末日"之类的谎言，用来吓唬人，以便控制人的思想，达到造谣者不可告人的目的。1999年世界末日的说法，就是其中一种。

16世纪法国有个著名的星占家，名叫诺查丹玛斯。据说他的许多预言都很"灵验"。他写了一部长诗《诸世纪》，里面充满模糊不清的言词。后世的星占家们将它奉为经典，不断牵强附会地把社会事件与诗中的含混语言扯在一起，进行"验证"。

诺查丹玛斯断言，1999年人类将有大祸降临。大灾难到来之前，种种不吉利的事将长期笼罩着世界。《诸世纪》中写道：1999年7月，恐怖的大王从天而降。20世纪70年代，日本一个叫做五岛勉的人将这一邪说推上了顶峰。他说，1999年8月18日，太阳、月亮和九大行星将以地球为中心排成大十字架，按照诺查丹玛斯当时的历法，这时正是7月，而且在法语中大十字与恐怖的大王也有某种联系，这就是诺查丹玛斯所预言的世界末日来临的象征。在一些人的推波助澜之下，这一说法颇有市场，搞得人心惶惶。

我们知道，包括地球在内的九大行星围绕太阳运转。由于它们的轨道接近一个平面，所以在地球上看来，太阳月亮和八大行星都在天上一条大圆上运行，这条大圆被称为“黄道”。天文学家可以准确地预计这些天体在天空中的位置。例如，在1997年3月9日中央电视台对漠河日全食的实况转播中，我们可以看到，我国天文学家计算的日食时刻一秒不差。

日月行星在黄道上不停地运动，总会排成各种各样的位置关系，有时聚会，有时分散。1999年8月18日，9个天体三三两两分成4组，大致排列在相对的方向，可以想象成地球为中心的十字。这种普通而有趣的现象并没有任何特殊的物理关联。

天体之间的关系主要由万有引力维持。在月亮引力的影响下，地球上产生周期性的潮汐现象。太阳虽然很大，但由于离地球很远，它对潮汐的影响远小于月亮。至于其他行星，对地球的影响根本就探测不到。因此不管它们怎样排列，都不会对地球产生特殊的影响。

20世纪即将过去。几十年来世界逐渐走向和平、发展。天灾虽然不断，但并不比任何历史时期更多，何况人类抵御天灾的能力也越来越强。人类也越来越认识到保护环境的重要性。诺查丹玛斯所预言的那些大难来临之前的种种不吉之事并没有发生，1999年的世界末日又有谁会相信呢？

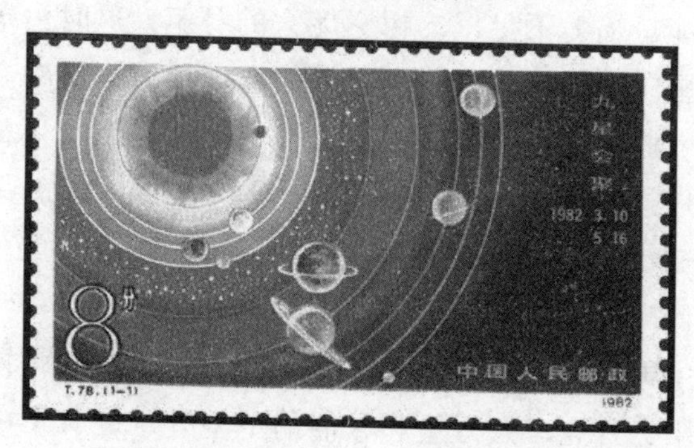

1982年发行的《九星会聚》邮票

地球会爆炸吗?

地球是围绕太阳运行的一颗行星。它起源于宇宙弥漫物质。由于重力收缩，温度上升，体积缩小，在46亿年前渐渐形成固体地球。地球的中心是处于高温岩浆状态的地核，外面是固态的地幔，最外层是地壳、海洋和大气层。由于地核高温是气态收缩时期形成的，它的温度不会继续升高，只是影响陆地板块极其缓慢地飘移，在局部地区造成火山和地震。总的说来，整体地球正处在十分稳定的阶段，在亿年的尺度上不会有大的变化。地球海洋和大气的变化相对比较明显，过去几十万年期间，出现过几次大的冰期，至于“厄尔尼诺”现象引起的全球性气候变化，则是人人都能体会到的。

我们所能看到的星星大多属于恒星。我们的太阳就是一颗典型的恒星。恒星内部进行着剧烈的核反应，不断放出大量的能量，温度极高。恒星在它几十亿年的生命周期中，绝大多数时期都处于平稳状态。例如，太阳正处在中年时期，天文学家探测不出它的状态有什么趋势性的明显变化。宇宙中也有一些天体处在整体爆发状态。在某些恒星演化的晚期，内部的核反应产生的能量辐射不足以支撑它庞大的身躯，这时由于引力的关系，恒星向中心塌陷，剧烈上升的温度导致恒星中心部位的重元素产生核反应，引起剧烈的爆炸，光度突增上亿倍，将巨大的恒星炸成灰烬，这就是著名的超新星现象。超新星极为罕见，人类2000年来只在银河系内看到不超过10次。当然，地球的变化与此毫无关系。

宇宙中天体之间的碰撞也许可以称为另一类“爆炸”。太阳系除了太阳、月亮、大行星和它们的卫星外，还有不少小行星和彗星，它们都在各自的轨道上围绕太阳运行。现已发现并确定轨道的小行星已经上万，彗星每年也能发现十几颗。这些天体的直径大到几百公里，小到几百米。当然还有更小的，我们更难以发现。这些小天体中，有的轨道与地球轨道接近，偶尔就有可能落到地球上来，发生规模巨大的灾难。美国亚利桑那州有一个直径 1.2 千米，深 170 米的圆形大坑，是几万年前被天外来客撞击而成的。这样的遗迹在世界各地还有不少。有人认为，著名的恐龙灭绝事件，就是天体撞击地球，引起全球气候剧烈变化而造成的。1993 年，天文学家计算出一颗彗星正朝向木星撞去，后来果然在众目睽睽之下将木星撞出一排几十个地球那么大的黑斑!

尽管每天都有总质量达几千吨的流星撞入地球大气层，但它们的个体质量很小，绝大多数都在大气中气化。落到地面的也不少，甚至也有造成破坏的报道，但对于整个地球来说是十分轻微的。较大天体的撞击可能造成大的损失，但这样的事件极其稀少。天文学家正加强对近地小行星的监测和研究，以便在可能发生危险时设法改变其轨道。不过目前为止，还没有发现任何危险的信号。

以上这是奉上级之命，为一本科普书写的三段文字，大约在 1999 年吧。

黄赤交角变化与回归线漂移

地球自转决定了地球坐标系：地南北极，赤道和经纬度线(经度起点是人为指定的)。地球自转轴和赤道投影到天球上，就形成天极和天赤道。地球在一个平面内绕太阳公转，这个平面在天球上的投影叫黄道。在地球上看，太阳在天球上沿着黄道运动。地球自转的平面（赤道面）和公转平面（黄道面）不平行，它们的夹角 23.5°，叫作黄赤交角。

由于黄赤交角，太阳在它的周年视运动中，有时离赤道近，有时离赤道远。在我们地面上看来，一年中太阳每天（中午）能达到的最大高度是变化的：太阳最靠北称为夏至（每年6月22日左右）；太阳最靠南称为冬至（每年12月22日左右）。这也就造成了四季寒暑。太阳最靠北时，与天赤道相距23.5°。这时，它的正下方（即中午时太阳正在天顶），地理纬度也是23.5°。太阳走到这里，不再向北了，开始回头向南。因此，北纬23.5°称为北回归线。同样，南纬23.5°称为南回归线。它们是地球上热带和温带的分界线。

由以上所述可知，回归线的地理纬度就等于黄赤交角。我们说黄赤交角等于23.5°，这只是一个大约数字。天文学家可以精确地测定它的数值。由天文学理论和实测，黄赤交角可以表达为以下公式：

$$\text{黄赤交角} = 23°27'08''.26 - 46''.845T - 0''.0059T^2 + 0''.00181T^3$$

这里T是由1900年起算的世纪数。显然，黄赤交角是变化的。由于回归线的地理纬度等于黄赤交角，因而回归线在地面上的位置也是时刻不停地变化着。一个世纪里，变化约47″。这在地面上，造成北回归线每世纪南移（南回归线北移）1.45千米，可不是一个小数字！

黄赤交角为什么会变化呢？原来，地球在绕太阳公转的同时，还受到其他大行星的引力。这使得地球公转平面（也就是黄道面）发生变化，因而使得黄赤交角变化。这在天文学上叫作行星岁差。行星岁差有着几万年的周期特征，只是在近几千年来造成黄赤交角持续减小。以上公式，只能在几百年内提供黄赤交角的精确数值，几千年内提供它的大致走向。据理论计算，大约1万多年后黄赤交角减至最小，然后又转而增大。那时北回归线的纬度约为22.6°，在今天标志塔的南边约90千米！回归线的长期变化影响着地球各部分所吸收的太阳能量，对气候的长期变化会有影响。

实际上，影响黄赤交角的还有其他因素。月亮和别的天体影响着地球的自转，这使得地球自转轴在空间做复杂的摆动，这在天文学上叫作章动。章动最主要项的周期为18.6年，振幅为9.2″。这也就是说，由于章动，回归线还在南北方向上做幅度为0.28千米，周期为18.6年的摆动。这样的周期运动对地球气候没有重要影响。

地球自转轴在地球内部并不是固定的，这一点得到理论和观测实践的证实。地极移动使得地球上每一点的经纬度不断变化，回归线的位置当然也因之移动。极移的周期在一年多，范围不过十几米。不过，也发现长期极移的迹象，长期积累就可观了。此外，地球大陆的板块移动也为现代精密测量所证实，它的数量就更小了。长期影响，当不可忽视。

一种简单实用的天象计算方法——平面插值

天文爱好者从天文历书、报纸杂志和网络报道中获知各种天象的消息，据此展开自己的观测活动。许多天象都是与观测者所在地点有关的。例如，日、月、行星或恒星的升落时刻，日食的时刻和食分，各种凌犯现象（如金星凌日、月掩星）的时刻和程度，天体的地平高度和方位，等等。天象报道中只能提供某些大城市的情况和数据，其他地点的情况就只能据此大致估计。怎样使这种估计更精确呢？笔者在《中国历史日食典》(世界图书出版公司 2006）一书中介绍了一种“平面插值”的方法，很容易由已知地点的数据计算出其他地点的情况。

线性插值是数据处理，乃至是日常生活中常用的数学方法。我们很容易把它推广到平面。让我们从日出时间计算入手。在地图经纬度的 x、y 二维平面上，以日出时间的数值 z 代替高度，想象一个三维空间，在一定的地理范围内，z 所表达的曲面近似为一平面。于是就可以由其中 3 个点的高度确定这个平面，从而得到这一平面上任一点的高度。由立体解析几何有空间平面的三点式方程：

$$\begin{vmatrix} x & y & z & 1 \\ x_1 & y_1 & z_1 & 1 \\ x_2 & y_2 & z_2 & 1 \\ x_3 & y_3 & z_3 & 1 \end{vmatrix} = 1 \qquad (1)$$

上面的行列式可以展开为下式：

$$(x-x_3)[(y_1-y_3)(z_2-z_3)-(y_2-y_3)(z_1-z_3)]$$
$$+(y-y_3)[(x_2-x_3)(z_1-z_3)-(x_1-x_3)(z_2-z_3)]$$

$$+(z-z_3)[(x_1-x_3)(y_2-y_3)-(x_2-x_3)(y_1-y_3)]=0 \tag{2}$$

在我们的问题中，x、y为地理经度、纬度，z为待求量（例如日出时间）。脚标1、2、3为3个已知地点，无脚标为待求地点的量。将（2）式写成下列形式，对于编写计算机程序更加方便（其中＊为乘法，/为除法）：

$$z=z_3+((x_3-x)*((y_1-y_3)*(z_2-z_3)-(y_2-y_3)*(z_1-z_3))+(y_3-y)*((x_2-x_3)*(z_1-z_3)-(x_1-x_3)*(z_2-z_3)))/((x_1-x_3)*(y_2-y_3)-(x_2-x_3)*(y_1-y_3)) \tag{3}$$

现在我们利用1西安、2沈阳、3福州为已知。在（3）式中将这3个城市的经、纬度作为x_1、y_1代入，得到

$$z=8.968z_1-6.312z_2-1.656z_3+(-0.079\,81z_1+0.041\,33z_2+0.038\,48z_3)x+(0.021\,12z_1+0.052\,84z_2-0.073\,96z_3)y \tag{4}$$

这就是由西安、沈阳、福州三地求解其他地点的普遍公式。以2007年3月21日日出时间为例：以上三地分别为$z_1=6.798$（北京时间6时48分），$z_2=5.824$，$z_3=6.112$，代入（4）式得到

$$z=14.0819-0.066\,65x-0.000\,729\,6y \tag{5}$$

这就是计算2007年3月21日日出时间的公式。例如将北京的经纬度$x=116.43$，$y=39.92$代入（5）式，即得到$z=6.293$（6时18分）。将西安、沈阳、福州的经纬度代入（5）式，应该得到原来的z值，这可以用来检验从（3）式到（5）式的推导是否正确。

现在我们用这种方法求解各地以下天象：A.2007年3月21日日出/日落时刻（时：分）；B. 同日火星上中天时刻（时：分）；C. 同日10时10分月亮的方位/高度（度）。先将用天文方法计算的各城市的精确结果列于下表的A、B、C各栏，再用平面插值方法，根据西安、沈阳、福州三地的已知量求其他各地的相应量a、b、c各栏。

平面插值方法求解日出落时间 A、木星中天 B 和月亮方位高度 C

地点	经度/纬度	A	a	B	b	C	c
西安	108.90/34.27	6:48/18:56	—	6:06	—	27/91	—
沈阳	123.43/41.83	5:49/17:59	—	5:08	—	38/106	—
福州	119.28/26.15	6:07/18:14	—	5:25	—	37/92	—
北京	116.43/39.92	6:18/18:26	6:18/18:27	5:36	5:36	33/100	32/101
南京	118.76/32.05	6:08/18:17	6:08/18:17	5:27	5:27	36/96	36/96
郑州	113.63/34.75	6:29/18:37	6:29/18:37	5:47	5:47	31/95	30/95
济南	117.00/36.68	6:15/18:24	6:15/18:24	5:34	5:34	34/98	33/99
兰州	103.75/36.02	7:08/19:17	7:09/19:17	6:27	6:27	23/90	23/90
上海	121.42/31.22	5:58/18:06	5:58/18:06	5:16	5:16	38/97	38/97
广州	113.33/23.13	6:31/18:38	6:31/18:38	5:49	5:49	31/87	33/86
昆明	102.68/25.07	7:13/19:21	7:13/19:20	6:31	6:31	22/84	24/81
哈尔滨	126.68/45.75	5:36/17:46	5:36/17:46	4:55	4:55	39/113	40/112
乌鲁木齐	87.63/43.72	8:12/20:22	8:13/20:22	7:31	7:31	11/82	09/86

对比 A 和 a（日出落）可见，大多数情况完全相同，少数有 1 分钟之差。即使是乌鲁木齐这样地理经度相差很远的地方，日出日落时间也可以很精确地插出。实际上这类天体出落时间的插值精度，只和纬度有关，经度相差再远也不会降低精度。对比 B 和 b（木星中天）可见，两组完全相同，这一点也可以得到理论的证明。像日、月、行星（以及中低纬恒星）升落中天时刻这样的问题，全中国使用一个公式，平面插值就可以精确到分了。

对比 C 和 c（月亮方位高度）可见，像昆明、乌鲁木齐这样距离比较远的地方，天体的高度/方位误差较大。像天体方位/高度这样的问题，全中国需要两个公式，平面插值才能精确到度。

尽管平面插值的数学方法十分简单，小学四则运算而已，但自（3）式而下的实际过程却比较烦琐且容易出错。最好的办法是按照（3）式编个计算机小程序。

平面插值也可以用来估计日食的各种要素。以 1995 年 10 月 24 日日食为例。附图是这次日食的等食分线图，图中可见全食带通过印度北部、缅甸、泰国、柬埔寨和越南南部。

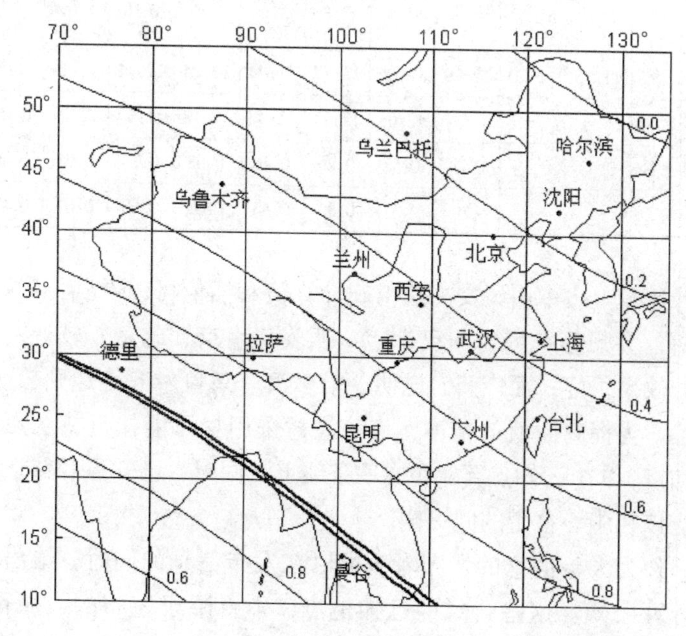

1995 年 10 月 24 日日食图

如果天文历书只给出西安、南京、北京的情况，那么其他各地的情况可以插值得到。在（3）式中代入 1 西安、2 南京、3 北京的经纬度，得到

$$z = 13.941z_1 - 4.948z_2 - 7.993z_3 + (0.0774z_2 + 0.0312z_3 - 0.1086z_1)x - (0.0326z_1 + 0.1018z_2 - 0.1344z_3)y \qquad (6)$$

这是由西安、南京、北京三地求解其他地点天象（不仅限

于日食）的普遍公式。

分别将三地的食甚时间和食分代入，可以进一步简化出由各地经纬度求食甚时间的公式和求食分的公式。下表给出由西安、南京、北京的已知量插值出的其他7个城市的结果。

10个城市的食甚时间和食分

	西安	南京	北京	郑州	济南	兰州	广州	昆明	哈尔滨	乌鲁木齐
精确时间	11:55	12:20	12:09	12:05	12:12	11:43	12:14	11:46	12:26	11:20
插值时间	—	—	—	12:06	12:13	11:42	12:13	11:47	12:29	10:58
精确食分	0.43	0.37	0.24	0.37	0.29	0.46	0.63	0.73	0.06	0.46
插值食分	—	—	—	0.37	0.30	0.45	0.60	0.68	0.02	0.47

比较上表中由天文方法精确计算值和插值可以看到，郑州、济南、兰州等地因为与已知点（西安、南京、北京）较近，插值的效果很好；而广州、昆明、哈尔滨、乌鲁木齐等地则较差。显然，为提高插值的精度，应该注意采用尽可能接近待求点的已知点，3个已知点要避免在一条线上。同时，已知点和待求点还应该在中心食带的同一侧。

作为天象信息的发布者，可以在发布信息的同时，给出插值计算公式。这些公式的已知地点，不要限于公布的大城市，而要考虑最有利于精确插值的地点。

平面插值方法不仅适用于天象计算，其他与地理分布的有关的量，如某些气象要素，也同样适用。这种方法最大的好处是不需要考虑待定量的物理背景和计算方法，只需要在有限范围内其数量分布具有近似的均匀性即可。

载于《天文爱好者》2008日食增刊，98页~99页

后　记

我从小生活在大学校园环境中，小学时便迷上了星空，立志当一名天文学家。初中和高中，都在学校组织的天文小组，攻读天文科普书籍、观天认星、自己磨镜头制作天文望远镜。后来经过下乡务农、煤矿做工，最终如愿成为天文工作者。我从天体测量的观测和数据处理起步，经过硕士研究生和博士研究生阶段的学习，逐渐转向天文学史，主要利用现代天文学计算和数据处理方法，整理和研究中国古代天象记录，逐渐形成了自己的学术特色。

与此同时，我也热心天文科普工作：参与组织天文科普活动、做科普报告；接待来访的电视台、电台、报纸等各种媒体；撰写一些天文科普文章发表在报纸期刊上。真心希望能够帮助和我一样有着少年梦想的年轻人，尽我的努力回馈社会。

这本小书以个人经历串起我的科研学术工作，同时汇集已发表的一些与个人研究方向有关的科普文章。这些工作的特点在于，以现代科学方法去研究传统文化遗产。希望引起读者对于天文学和国学的兴趣。

刘次沅

2018年于中国科学院国家授时中心